高等职业教育艺术设计新形态系列"十四五"规划教材

家居空间设计

JIAJU KONGJIAN SHEJI

茂勇　彭宏波　吴智勇　编著

西南大学出版社

国家一级出版社　全国百佳图书出版单位

图书在版编目（CIP）数据

家居空间设计 / 张茂勇，彭宏波，吴智勇编著 . —
重庆 : 西南大学出版社 , 2022.4（2024.1 重印）
　ISBN 978-7-5697-1317-6

　Ⅰ . ①家… Ⅱ . ①张… ②彭… ③吴… Ⅲ . ①住宅－
室内装饰设计 Ⅳ . ① TU241

　中国版本图书馆 CIP 数据核字 (2022) 第 039057 号

高等职业教育艺术设计新形态系列"十四五"规划教材

家居空间设计
JIAJU KONGJIAN SHEJI

张茂勇　彭宏波　吴智勇　编著

选题策划：龚明星　戴永曦
责任编辑：戴永曦
责任校对：徐庆兰
装帧设计：沈　悦　何　璐
排　　版：张　艳
出版发行：西南大学出版社（原西南师范大学出版社）
地　　址：重庆市北碚区天生路2号
邮　　编：400715
本社网址：http://www.xdcbs.com
网上书店：https://xnsfdxcbs.tmall.com
电　　话：（023）68860895
印　　刷：重庆长虹印务有限公司
幅面尺寸：210mm×285mm
印　　张：7.5
字　　数：258千字
版　　次：2022年4月 第1版
印　　次：2024年1月 第2次印刷
书　　号：ISBN 978-7-5697-1317-6
定　　价：65.00 元

本书如有印装质量问题，请与我社市场营销部联系更换。

市场营销部电话：（023）68868624 68367498

西南大学出版社美术分社欢迎赐稿。

美术分社电话：（023）68254657 68254107

前言

FOREWORD

家居空间设计是建筑室内设计专业的入门设计课程，建筑室内设计专业都开设了"家居空间设计"这门课程。本教材以理论结合实践，以岗位能力培养为本位，以项目实践为主体，以项目教学为导向，以职业能力为要点，凸显项目任务，强调工作过程的实践性，在学中做、做中学，使学生在教学活动中增强职业意识，掌握职业能力。

本教材以家居装饰工程项目从设计到施工的全过程作为整体指导思想，结合行业实际情况进行编写。本教材共有四个模块：第一模块讲述家居空间设计的基本内容、发展趋势、设计的基本原则，重点讲解不同功能和类型的内部空间设计，从多方面入手对空间设计进行考虑，让学生掌握各空间设计的方法；第二模块通过对东西方多种家居空间风格的分析，归纳整理出各种风格的典型设计元素，使学生形成全面、深刻的设计审美观；第三模块以一个完整的家居设计施工工程为载体，贯穿客户洽谈、现场勘测、初步设计、方案确定、深化设计、设计实施等设计施工节点，以全面的视角、丰富的内容和可量化的实训过程，让学生快速、准确、有效地掌握相关知识和技能；第四模块是案例欣赏并对其进行分析，开阔学生视野。

希望本书的出版，能为高等职业院校建筑室内设计专业的建设做出一些贡献。

目录

CONTENTS

二维码资源目录

序号	码号	资源内容	所在章节	所在页码
1	码1	小户型漫游	模块四案例一	102
2	码2	小户型——英式田园风格	模块四案例一	103
3	码3	小户型——现代风格	模块四案例一	103
4	码4	小户型——现代风格	模块四案例一	103
5	码5	中户型漫游	模块四案例二	104
6	码6	中户型——北欧风格	模块四案例二	106
7	码7	中户型——日式风格	模块四案例二	106
8	码8	中户型——日式风格	模块四案例二	106
9	码9	大户型漫游	模块四案例三	106
10	码10	中户型——新中式风格	模块四案例三	109
11	码11	大户型——现代美式	模块四案例三	109
12	码12	大户型——法式风格	模块四案例三	109
13	码13	大户型——现代风格	模块四案例三	109
14	码14	别墅户型漫游	模块四案例四	109
15	码15	别墅户型——乡村美式	模块四案例四	113
16	码16	别墅户型——现代风格	模块四案例四	113

模块一

基于认知的家居空间设计解读

任务一　家居空间设计的内容及发展趋势

任务二　家居空间设计的基本原则与评价标准

任务三　不同功能类型的内部空间设计

JIAJU KONGJIAN SHEJI

家居空间设计

学习要点：

(1) 掌握家居空间设计的内容；

(2) 了解家居空间设计的发展趋势；

(3) 掌握不同功能空间类型的内部设计方法。

任务一
家居空间设计的内容及发展趋势

一、什么是家居空间设计

家居空间设计是指卧室、起居室、厨房等使用空间的设计，是一种以满足需要为目的的创造行为。设计应充分地把握实质，只有彻底认识家居空间的特性方能进行正确、有效的设计；从家居空间的因素和条件综合分析，进行实际的空间计划和形式创造很重要。对居住者而言，家居空间不仅要具备一些功能，而且要集装饰与实用于一体。家居空间是对个性的诠释，通过对色彩、造型、纹样、质感、配饰进行搭配，从而达到理想的效果。（图1-1）

室内设计是建筑设计的继续和深化，是室内空间和环境的再创造；室内设计是建筑的灵魂，是人与环境的联系，是人类艺术与物质文明的结合，都是很有创见的。

图1-1 家居空间设计

二、家居空间设计的内容

家居空间设计是针对居住环境的提升而涉及的一系列的创造活动，这个过程涉及的主要内容包括空间组织和界面（地面、墙面、顶面）处理，家居空间照明设计，家居色彩设计，家居装饰施工材料选择，家居空间软装设计。（图1-2）

随着社会的发展和科技的进步，还会有更多新内容不断涌现。因此，要求设计师在从事设计实践时，根据项目的不同要求，尽可能熟悉相关的基本内容，了解该家居空间设计项目关系最密切、影响最大的环境因素，从而在设计时能主动自觉地考虑各项相关因素，能与相关工种专业人员相互协调、密切配合，有效提高室内环境设计的内在质量。

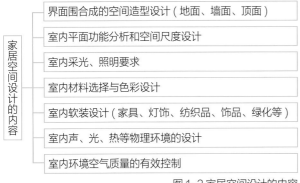

家居空间设计的内容：
- 界面围合成的空间造型设计（地面、墙面、顶面）
- 室内平面功能分析和空间尺度设计
- 室内采光、照明要求
- 室内材料选择与色彩设计
- 室内软装设计（家具、灯饰、纺织品、饰品、绿化等）
- 室内声、光、热等物理环境的设计
- 室内环境空气质量的有效控制

图1-2 家居空间设计的内容

图1-3 家居空间界面处理

（一）家居空间组织和界面处理

首先要对建筑原始空间布局、结构体系等有深入的了解，然后对平面布局进行调整、完善或再创造。改造或更新室内空间组织和平面布置，当然也离不开对室内各界面的处理。（图1-3）

界面处理是家居空间设计中要求对界面（地面、墙面、顶面）质、形、色的协调统一，尤其是对居室空间的营造产生重要影响因素的处理，如布局、构图、意境、风格等。（表1-1）

表1-1 家居空间中各类界面的功能特点

部位	功能特点
底面（楼、地面）	耐磨、防滑、易清洁、防静电
侧面（墙面、隔断）	挡视线、较高地隔声、吸声、保暖、隔热要求
顶面（平顶、天棚）	光反射率高、较高地隔声、吸声、保暖、隔热要求

家居空间居住界面设计既有功能技术要求，又有造型和美观要求，作为材料实体的界面，包含界面的材质选用，界面的形状、图形线角、肌理构成的设计，以及界面和结构构件的连接构造，风、水、电等管线设施的协调配合等方面的设计。

（二）家居空间照明设计

照明的最基本元素就是光源，尤其随着照明科技的发展，常见的照明光源早已从早期的白炽灯、日光灯发展到现在广泛运用的LED灯。各种光源及其特性见表1-2。

表1-2 各种光源及其特性

种类	白炽灯	卤素灯	日光灯	LED灯
光性	基本光蜡烛效果，灯影较微弱	颜色效果佳，光感效果佳	光感柔和	亮度较亮，发光率较佳
优点	灯体和光影散发比较有质感	人与物体色彩漂亮，投射性强，可打出光影感	大面积泛光功能性强	可结合调光系统，制造空间情境，体积小
缺点	耗电、损耗率高	热能高	光影欠缺美感	投射角度集中

　　光是人类生活中不可缺少的重要元素，是人们对外界视觉感受的前提。室内光照主要指天然采光和人工照明。天然采光指的是太阳光和环境光的结合。人工照明是指用我们现实生活中的灯具产生的光线。光照除了满足人们对于正常的工作和生活环境的采光、照明要求外，还能对人的生理和心理产生显著的影响，光照和光影效果还能有效地起到烘托室内环境气氛的作用。（表1-3、表1-4）

表1-3　各类型灯具的照明效果

类别	灯具	照明效果
基础照明	吸顶灯、吊灯、筒灯	照射均匀、范围大、灯光照度较低
装饰照明	射灯、落地灯、壁灯、夜灯	营造氛围、体现个性化空间
作业照明	台灯、工作灯、LED射灯	光束明亮、集中，适合学习、工作、阅读

表1-4　各类型灯具照明方式

照明方式	图例	特点
直接照明		直接照明要防止"硬"阴影造成视觉疲劳，不能过亮。还需注意不应将其放置在眩光或反射的表面上，例如镜子或玻璃上。
间接照明		间接照明主要是从一个表面反射出来的光，然后才散布到整个环境中。
漫射照明		漫反射几乎不会产生阴影的变化，大部分光线会通过反射到天花板和墙壁上而到达预期的表面效果，使环境照明非常均匀。
效果照明		效果照明的光源嵌入天花板或某些建筑元素中，仅用于突出光线本身，从而产生戏剧性的效果。通常在室内用于顶饰成型照明装饰，或在室外用于美化环境或突出立面效果。
重点照明		重点照明是直接位于突出对象（如绘画或雕塑）上方的光源。通常用于住宅和商业环境，也用于博物馆空间。但需注意照度，因为在直接光照射下，物体温度会上升，导致性能会降低。
洗墙		光洗墙是一种迷人的照明效果，利用一系列照明点串联或通过LED灯带，在表面上产生所谓的"洗光"，是突出外观和增强建筑的理想选择。

（三）家居色彩设计

色彩是室内设计中最具表现力和感染力的因素（图1-4），它通过人们的视觉感受产生一系列的生理、心理和类似物理的效应，形成丰富的联想、深刻的寓意和象征，是人们在室内环境中最为敏感的视觉感受。（表1-5、表1-6）

图1-4 家居色彩设计

表1-5 色彩联想

色彩	抽象联想	具体联想
红色	热情、喜悦、温暖、庆典、奔放、活力、愤怒	火、血、口红、消防车……
橙色	活泼、喜悦、温馨、热烈、轻快	柳橙、枫叶……
黄色	高贵、光明、辉煌、灿烂、富有	香蕉、蛋黄、向日葵、皇帝……
绿色	生命、活力、和睦、朝气、健康、希望	草地、树、乡村、公园、春天……
蓝色	安静、忧郁、淡雅、清新、博大、永恒	天空、牛仔裤……
紫色	浪漫、爱情、高贵、神秘	葡萄、牵牛花、国王……
褐色	苦闷、成熟、干瘪	土地、巧克力、烤肉……
黑色	严肃、神秘、庄重、压抑、悲哀、寂静	夜晚、煤炭、巫师……
白色	纯洁、明快、简单、清洁、干净	雪、砂糖、白云……
灰色	中庸、平凡、谦让、高雅、温和、消极	阴天、铅……

表1-6 室内色彩的心理效应

感知	心理效应
冷暖感	在色彩设计中，常常把不同色相的色彩分为暖色、冷色和中性色。从红紫、红、橙到黄色为暖色，其中橙色为最暖。从蓝紫、蓝至青绿色称冷色，以蓝色为最冷。介于这两种色性间的色彩常常称为中性色。
远近感	不同的色彩可以使人产生不同的距离感，色彩远近感主要和色相与明度有关，暖色系和明度高的色彩具有前进、凸出、接近的效果，而冷色系和明度较低的色彩则具有后退、凹进、远离的效果。室内设计中常利用色彩的这些特点去改变空间的大小和高低。
重量感	色彩的重量感主要取决于明度和彩度，明度和彩度高的显得轻，如淡红、浅黄。在室内设计的构图中常以色彩明度和彩度的变化来达到平衡和稳定的需要，以及表现室内设计的性格，如轻飘、庄重等。
扩张感和收缩感	色彩对物体大小的影响作用，包括色相和明度两个因素。暖色和明度高的色彩具有扩散作用，因此物体显得大；而冷色和暗色则具有内聚作用，因此物体显得小。不同的明度和冷暖有时也通过对比作用显示出来，室内不同家具、物体的大小关系和整个室内空间的色彩处理有密切的关联，可以利用色彩来改变物体的视觉尺度、体积和空间感，使室内各部分之间关系更为协调。
坚柔感	色彩的坚柔感主要与明度相关，明度高趋向柔软，明度低趋向坚硬。同时也与纯度有关，纯度低趋于柔软，纯度高趋于坚硬。

室内色彩设计的根本问题在于配比是否合适，这是室内色彩效果优劣的关键。孤立的颜色无所谓美与不美，任何颜色都没有高低贵贱之分，只有不恰当的配色，没有不可用的颜色。色彩效果取决于不同颜色间的相互关系，同一颜色在不同的背景条件下，其色彩效果可以截然不同，这是色彩所特有的敏感性和依存性，因此如何处理好色彩之间的协调关系，是配色的关键问题。

（四）家居装饰施工材料选择

不同材质具有不同的质地、肌理和光泽特征，可以凸显其不同的审美个性与特征。要营造具有特色的、艺术性强且个性化的空间环境，往往需要若干种不同材质组合起来进行装饰，把材质本身具有的质地美和肌理美充分地展现出来（图1-5）。各类材质不仅能改善室内的艺术环境，使人们得到美的享受，同时还兼具隔热、防潮、防火、吸声、隔音等多种功能。

家居空间各界面材质的选用可以从以下几方面来考虑：第一，应考虑人们近距离、长时间的视觉感受，以及肌肤接触时的安全性，便于打扫卫生，因此质地不宜过分粗糙；第二，应选用无污染、不散发有害物质的"绿色"装饰材料，装饰材料应通过国家检测标准；第三，应与室内设计的风格定位一致，例如采用中式传统风格，通常可用酱黑、棕色系列的深色木饰面；第四，要考虑不同的光照角度对质地产生的影响。正面受光时，可以强调材质的纹理和色彩。侧面受光时，对于质地粗糙的材质，由于它们会产生阴影，因此应强化其立体感和粗糙效果；第五，应适应空间使用功能，如厨房、卫生间的墙面应选择防水性能好、表面平整易清洁的材质，地面应选择防滑性能好的材质。

（五）家居空间软装设计

室内软装产品是体现室内空间效果的主要元素。依据软装产品的特征和用途可将软装设计元素分为五类：家具类、纺织（织物）类、灯饰（灯具）类、饰品类以及室内绿化。家具、织物、灯具、饰品、室内绿化都可以相对独立地脱离室内空间内的界面布置。通常它们处于人们视觉中显著的位置，容易吸引人的注意，它们的实用和观赏价值都非常突出。不仅如此，家具、织物、灯具、饰品、室内绿化对于烘托室内环境气氛、形成室内设计风格等具有举足轻重的作用。

（1）家具类

家具是室内软装设计最重要的一类。家具的形状多样，在软装空间形象设计方面起到主导作用。家具与我们的生活息息相关，庞大的家具家族几乎能满足我们全部的生活需求，并且在表达室内风格方面起到至关重要的作用（图1-6）。随着社会的进步和人类的发展，现代家具的设计几乎涵盖了所有的环境产品、城市设施、家庭空间、公共空间和工业产品。由于文明与科技的进步，现代家具设计的内涵是永无止境的。

（2）纺织类

纺织类在室内软装设计中以"布艺"相称，其质地贴近人类肌肤，和人类的关系最为亲密。如窗帘、床上用品、地毯、靠垫、桌布、壁挂、刺绣等，这些室内家纺在家居中的运用，占了所有软装成品的50%以上。可以说没有布艺的设计，是不完整的家居。布艺是室内色彩的调色板，能够柔化空间，丰富空间层次，是家居氛围和情调的主要渲染者，用布艺软装饰来装饰室内空间已成为人们打造室内空间氛围的主要手段。（图1-7）

图1-5家居装饰施工材料选择　图1-6家具在室内风格中的表达　　图1-7布艺装饰室内空间

（3）灯饰类

在室内软装设计中，灯饰是室内不可或缺的饰品之一，既能照明又能兼做饰品来装饰空间，丰富人们的夜间生活，给室内软装设计提供了新的表现手法。灯饰能影响人对物体大小、形状、质地、色彩的感觉，可以自由地调节光的方向和颜色，还可以按照室内的用途和特殊需求进行光的设置。另外，不同的灯饰带给室内的空间意境和气氛的视觉效果也是完全不同的。如水晶灯的幻丽灿烂，衬托豪华格调；镀金筒灯古朴典雅，展现欧陆风情；镀铬、镀镍的金属灯渗透一丝沉静，具有极强的现代感。（图1-8）

（4）饰品类

饰品是室内软装空间的亮点，能展示空间品位的和主人学识，是居住空间氛围和品位的重要表达。饰品就像是人身上佩戴的各种装饰物一样，给室内空间增添不一样的风情。没有饰品的室内空间是空洞和乏味的。好的居室饰品布置不仅能给人们感官上带来愉悦，使人心旷神怡，而且还能填补空间空白，加强各个物体之间的关系。

室内设计中的饰品多种多样，主要包括抱枕、毛绒饰品、装饰工艺品、装饰铁艺、花艺、挂画、收藏品等。室内饰品布置和选择有时是同时完成的，因为布置的地方和功用直接影响了选择。通常会根据一些形式法则如对称与均衡、统一与变化、节奏韵律、主次关系来布置饰品。要想达到良好的最终效果，细致地考虑陈设方式就显得尤为重要。（图1-9）

（5）室内绿化

室内绿化指的是室内具有观赏性的植物。室内绿化设计是结合室内环境和人的生活需要，通过绿化对室内空间进行装饰、美化。绿化要素由各种类型的绿色植物和花卉所构成，此外，山石、水体、动物等都可成为室内绿化的组成部分。室内绿化作为一种生态因素，能够提高环境质量和人的舒适度，满足人们身体和心理方面的需求。（图1-10）

三、家居空间设计的发展趋势

纵观中国历史上家居空间格局的演变，一方面取决于生产力的发展，另一方面也取决于当地的自然条件和居民的生活习惯的改变。通过不同时期的演变，家居空间的功能性逐渐走向合理。

室内设计是为了满足人们生活、工作的物质要求和精神要求所进行的理想的内部环境设计，与人的生活密切相关，以至快速发展成为一门专业性强、十分实用的新兴边缘科学。人们更加注重色彩、结构、风格等人性化和人文化的设计。现代室内设计向多层次化、多风格化的趋势发展。现代室内设计大致可以归纳为7个新趋势。

（一）回归自然化

随着环境保护意识的增长，人们向往自然，渴望住在天然的绿色环境中。在住宅中创造田园的舒适气氛，越来越强调自然色彩和天然材料的应用，在室内空间设计中采用许多民间艺术手法和风格。不断在"回归自然"上下功夫，创造新的肌理效果，运用具象的、抽象的设计手法来使人们联想自然。（图1-11）

图1-8 灯饰在室内空间中的运用　　　　　图1-9 现代居室中的饰品　　　　图1-10 室内绿化

（二）整体艺术化

随着社会物质财富的丰富，人们要求从"物的堆积"中解放出来，要求室内各种物件之间存在着统一整体之美。室内环境设计是整体艺术，它应是空间、形体、色彩以及虚实关系的把握，功能组合关系的把握，意境创造的把握以及与周围环境的关系协调。许多成功的室内设计实例都是艺术上强调整体统一的作品。

（三）高度现代化

随着科学技术的发展，在室内设计中采用一切现代科技手段，设计中达到最佳声、光、色、形的匹配效果，实现高速度、高效率、高功能，创造出理想的值得人们赞叹的空间环境来。（图1-12）

（四）高度民族化

如果只强调高度现代化，虽然提高了人民的生活质量，却又感到失去了传统和过去。因此，室内设计的发展趋势就是既讲现代，又讲传统。将高度现代化与高度民族化相结合，注重传统文化元素的运用，从而使传统风格隆重而新颖。用高度现代化的设备、材质、工艺，使人们在现代化室内空间中体会到传统的韵味，新中式风格的室内设计就是把传统元素加以提炼、简化，并用新的材料和工艺加以体现。（图1-13）

（五）个性化

大生产给社会留下了同一化问题如相同的建筑、房间，相同的室内空间布局。为了打破同一化，现在人们又追求个性化。一种设计手法是把自然引进室内，室内外通透或连成一片；另一种设计手法是打破水泥方盒子，采用斜面、斜线或曲线装饰，以此来打破水平、垂直线求得变化。还可以利用色彩、图画、图案，利用玻璃镜面的反射来扩展空间等等，打破千人一面的冷漠感，通过精心设计，给每个家庭居室以个性化的特征展现。

（六）服务方便化

城市人口越发集中，为了更高效方便，国内外都十分重视发展现代服务设施。在日本早已采用高科技成果发展城乡自动服务设施。国内自动售货设备越来越多，交通系统中电脑问询、解答、向导系统的使用，自动售票检票，自动开启、关闭进出站口通道等设施，给人们带来高效率和方便，从而使室内设计更强调"科技服务人"这个理念，以让消费者满意，方便为目的。

（七）高技术高情感化

现在的室内设计正在向高技术、高情感方向发展，这两者相结合，既重视科技，又强调人情味。在艺术风格上追求频繁变化，新手法、新理论层出不穷，呈现五彩缤纷、不断探索创新的局面。室内设计的发展是根据时间和社会的发展而发展的。

思考与练习

1. 家居空间设计的内容有哪些？
2. 家居空间设计的发展趋势是怎样的？

图1-11 回归自然化家居空间

图1-12 高度现代化家居空间

图1-13 高度民族化家居空间

任务二
家居空间设计的基本原则与评价标准

现代人的生活方式所产生的变化是巨大的，而生活方式的改变势必会造成设计的变化。如：年轻人喜欢在外面餐馆吃饭或者点外卖，在这种情况下，厨房利用率就没有以前高了。另外像烘干机、洗碗机、垃圾处理器等电子产品的发明，极大地改变了我们的生活，所以部分人就不再需要在阳台上晾晒衣物，或经常倾倒厨余垃圾了。

一、功能性原则

居室的使用功能很多，主要来说有两点：一是为居住者的活动提供空间环境；二是满足物品的储藏功能。其目的是使居室有预想的生活、工作、学习所必需的环境空间。

设计方案的功能合理性原则包含以下几个方面：优化空间布局；改善空间环境；有效处理与满足声、光、电、暖通方面的难点和需求；遵循户型特点，发挥户型优势。（表1-7）

表1-7 功能合理性评价

项目	分项	评价标准	分值	得分
功能合理性	平面布局	户型平面布局合理，分区明确	10	
		公共活动区域与私密活动区域分布合理	10	
		动静分区设置合理	10	
		空间利用率高	10	
	空间布置	家居生活活动动线符合需要	10	
		家具布置合理，尺度符合人体工程学	10	
		电器、开关插座布置合理，符合人性化需求	10	
		绿植搭配合理，提升空间舒适度	10	
	物理环境	隔音、隔热、采光、暖通及人工照明合理	10	
	设计特色	提升户型环境，突出户型特征，发挥户型优势	10	
合计分值				

二、艺术性原则

家居空间设计追求装饰美观且具有艺术性，特别是要注意体现个性的独特审美情趣，不要简单地模仿和攀比，要根据各个居室的大小、空间、环境、功能，以及家庭成员的性格、修养等诸多因素来考虑，只有这样才能显现个性美感。家居空间设计是个性和共性美的一种辩证统一，不要失掉个性审美追求，要将共识性的审美通过个性美的追求体现出来。

家居空间设计追求艺术审美效果，侧重于整体概念方案的提取，造型、色彩、材质的运用，软装元素的搭配和效果图的制作，遵循先满足功能再加强装饰的设计理念。（表1-8）

表 1-8　艺术审美评价

项目	分项	主要评分因素	分值	得分
艺术审美	概念方案	概念方案直观、真实，空间整体性好	10	
		方案元素可采购性强、可实施度高	5	
	造型效果	造型选用符合整体概念方案定位	5	
		空间造型实用性与艺术性并举	10	
	色彩搭配	色彩搭配方案符合整体概念方案定位	10	
		方案能准确表达业主的情感需求	5	
	材质运用	材质运用符合色彩搭配方案定位	5	
		合理运用材料肌理、花纹、硬度、密度、重量、透光性等物理特征，丰富设计方案	10	
	软装搭配	搭配方案符合整体概念方案定位	5	
		搭配方案灵活多变，符合发展性眼光	5	
		搭配方案简洁明了，不堆砌、不烦琐	10	
	效果制作	效果制作符合整体概念方案定位	5	
		真实再现空间元素尺度、材料、灯光物理特性	10	
		最终效果具有一定的艺术性	5	
合计分值				

三、经济性原则

根据建筑的实际性质及用途确定设计标准，不要盲目提高标准，单纯追求艺术效果，造成资金浪费，也不要片面降低标准而影响设计效果，重要的是在同样的造价下，通过巧妙的设计达到良好的实用与艺术效果。

家居空间设计的经济性原则主要从算量精准、计价合理、总价适度和分配适宜四个方面进行评价。（表 1-9）

表 1-9　经济适度性评价

项目	分项	主要评分因素	分值	得分
经济适度性	算量精准	预算算量误差小、无遗漏、合理舍入	15	
		细致发现并灵活定义小项、杂项、疑难项	15	
		合理使用算量单位	10	
	计价合理	预算计价准确且符合预算模板要求	5	
		计价层次选用符合整体设计方案与业主承受能力	5	
	总价适度	预算总价能确保顺利实施并完成整体设计方案	10	
		总价在业主可接受范围内，并能合理浮动，预留折扣空间	10	
		能赚取合理利润	10	
	分配适宜	资金分配能保证设计方案实施效果	10	
		合理分配软硬装占比及其范围内各预算子项所占比例	10	
合计分值				

四、可行性原则

可行性原则是通过施工把设计变成现实的可能性。室内设计一定要具有可行性，力求施工方便，易于操作。家居空间设计的可行性原则着重体现在材料可行性、工艺可行性及本地可行性三个方面。（表1-10）

表1-10 施工可行性评价

项目	分项	主要评分因素	分值	得分
施工可行性	材料可行性	材料选用与整体设计方案一致	15	
		材料选用符合预算表单计价层次	15	
	工艺可行性	工艺做法能实现整体设计方案	15	
		工艺等级符合预算表单计价层次	15	
		无不切实际的工艺做法	10	
	本地可行性	施工所用装饰材料大部分能本地采购	15	
		所选材料符合现场运输、搬运条件	15	
合计分值				

五、安全性原则

家居空间设计的安全性原则主要反映在材料与施工的安全性与环保性两个方面。

施工材料符合国家标准，具有国家相关绿色环保认证，材料加工、使用、拆除过程中无污染物排放；施工工艺及施工过程符合国家建筑装饰工程的相关标准，无论是墙面、地面还是天棚，其构造都要求具有一定强度和刚度，特别是各部分之间的连接节点，更要安全可靠。（表1-11）

表1-11 安全环保性评价

项目	分项	主要评分因素	分值	得分
安全环保性	材料与施工安全性	施工材料符合国家标准	25	
		施工工艺及施工过程符合国家建筑装饰工程的相关标准	25	
	材料与施工环保性	施工材料具有国家相关绿色环保认证	25	
		材料加工、使用、拆除过程中无污染物排放	25	
合计分值				

思考与练习

1. 家居空间设计的基本原则有哪些？
2. 功能性原则的评价标准有哪些？

任务三
不同功能类型的内部空间设计

　　人们在住宅内的活动不外乎睡眠、休息、饮食、盥洗、家庭团聚、会客、视听、娱乐以及学习、工作等，家居空间就是满足这些需求的综合体，而分区明确是住宅舒适度的重要标准之一。（图1-14）

　　家居空间内部按功能的不同常分为入口玄关、客厅、餐厅、卧室、厨房、卫浴间、阳台等区域，根据人们在住宅内的活动特点，这些功能区域可以分为公共活动区域、私密活动区域和家务活动区域。（图1-15）

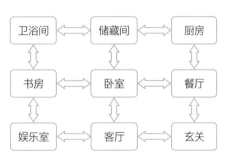

图1-14 家居空间的主要功能关系

图1-15 家居空间的主要功能区域

图1-16 玄关

一、公共活动区域：玄关、客厅、餐厅

　　家居空间中的公共活动区域在空间中扮演着重要的角色，是所有家庭成员共有的生活区域，具有交流性和开放性的特点，其中包括玄关、客厅、餐厅。

（一）玄关

　　玄关是家的"守候者"，每一天都会迎接家人的归来。玄关是归家之人最先感受到温暖的地方，进屋、换鞋、脱衣，放下沉重的包，这些动作可以在玄关内连贯完成。（图1-16）

　　1. 玄关的功能

　　（1）过渡功能。设计玄关的目的是把外面的喧嚣挡在外面，屋里的琐事遮在里面，屋里屋外互不干扰，保护主人的隐私。中国人讲究含蓄，讲究居住的格局，入户门不宜正对阳台或窗户，正对俗称"穿堂巷"，有不宜聚气之说。入户门更不宜正对卫生间或卧室，即使开门就能看见客厅，也让人觉得太直白、不讲究。那么做个玄关遮挡一下，让室内更隐秘，客人来访和家人出入时，心理上会感到更安全，同时也会使人们出门入户的过程更加有序。

（2）收纳功能。脏了的鞋、换下的衣服、随手拿着的公文包，雨具、钥匙、帽子等零碎的物件，都可以放置在玄关内，玄关内放置这些出门常用的东西会非常方便。

（3）装饰功能。玄关是家的门脸，是步入居住空间的必经之所，能为来访者留下美好的第一印象。玄关包括吊顶、鞋柜、小凳子、镜子等，不仅是整个居室设计格调的浓缩，还是整体室内空间设计的引子，其设计既要体现功能上的实用，还要和整体居室空间的风格协调统一。

2. 动线设计要求

玄关主要为通过型空间，对动线设计的要求是能快速通过，且通过性良好（尽量少设置障碍物）。玄关一般只设置一条动线，表现出动线明确的利落感。

3. 玄关人体工程尺寸

在《住房设计规范》（GB50096—1999）中规定，套内入口过道净宽不宜小于1200mm，这可以被看成是过道最小尺寸。

人体工程学在玄关设计中的应用有三个方面：

（1）是确定人和人际交往活动所需要空间的主要依据；

（2）是确定家具、设施的形体、尺度及其使用范围的主要依据；

（3）为玄关视觉环境设计及要素计测提供科学依据。

4. 玄关的布局设计

玄关按照结构形式大致可分为独立式、邻近式、包含式三种。

（1）独立式

独立式玄关是指推门入户后到客餐厅之间有一个相对独立的过渡区域，私密性比较强，使用起来最为方便。旁边配以充足的收纳设置，可以换鞋挂衣、放置物品，让人一身轻松到达内厅，舒适、方便又大气。（图1-17、图1-18）

（2）邻近式

所谓邻近式玄关，就是玄关与客厅或餐厅相邻，没有较为独立、严密的空间。邻近式玄关在设计时，应重点突出区域划分的概念，一般可与其他物品搭配使用来划分空间，讲究划分隔断要与周围设计风格一致。（图1-19、图1-20）

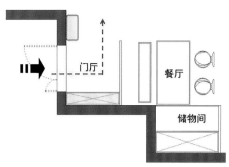

图1-17 独立式玄关平面图

图1-18 独立式玄关效果图

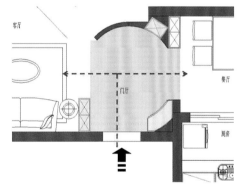

图1-19 邻近式玄关平面图

图1-20 邻近式玄关效果图

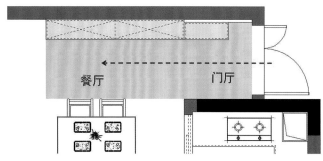

图 1-21 包含式玄关平面图

图 1-22 包含式玄关效果图

图 1-23 玄关格栅设计

图 1-24 客厅设计

（3）包含式

包含式玄关是指进入入室内后，玄关出现在客厅或餐厅里面。它既能起到分割作用，又能起到空间装饰的作用，成为室内视觉的一个焦点。（图 1-21、图 1-22）

在具体设计中，没有固定的形式和绝对的好坏，需因地制宜，打造出与整体环境相融合的过渡玄关。

5. 采光设计

通常情况下，除非有入户花园，大部分的住户格局中玄关并不挨着窗户，甚至离窗户最远，与窗户之间有客厅相隔，自然光源不足。因此，玄关处最好设计独立的人工光源。另外，玄关在隔断客厅的同时很容易形成一个阴暗的、狭小的空间，所以玄关的隔断设计多以半高柜、格栅、屏风或者置物架等为主，能产生通透与隐隔的互补作用，保证玄关的采光。（图 1-23）

6. 材料选择

玄关是人流量比较大的区域，所以玄关的地面首选防水耐磨、容易清洗或者方便更换的材料，拼花砖、地毯都是不错的选择。

思 考 与 练 习

1. 玄关设计的特点有哪些？
2. 玄关设计的作用有哪些？
3. 完成实训项目的玄关设计。

（二）客厅

客厅是主人接待客人的地方，是主人重要的社交场所。客厅更是家人聚会、休闲娱乐、交谈沟通的重要之地，是家庭的公共活动区域，是家人间增进情感的场所。因此，客厅作为整个居住空间的中心，是家庭成员停留时间较长，最能集中表现家庭生活水平与精神风貌的空间，往往被主人列为重中之重，精心设计、精选材料，充分体现个人的审美品位和生活情趣。（图 1-24）

1. 客厅的功能

（1）视听功能。视听功能是客厅的一大特色功能，看电视和听音乐能缓解人们上班的疲惫，逐渐成为居住者的首要选择。高质量的视听环境往往是衡量客厅设计成功与否的重要因素，因此客厅的设计特别是中小户型的客厅设计，往往是以电视背景墙为中心展开的。

（2）娱乐休闲功能。每个家庭的兴趣爱好各不相同，有些人喜欢电子游戏、棋牌；爱好乐器的家庭还可能需要展示音乐器材如钢琴、架子鼓等的空间；很多家庭可能需要一个喝功夫茶的茶台；还有不少年轻家庭需要在客厅规划出健身或做瑜伽的区域；又或者有了孩子的父母希望在客厅里有一片宽敞的亲子区，有一张大桌子或者是一块大地毯，可以陪孩子做手工、玩玩具、做游戏等。

（3）阅读、工作功能。在一些小型的住宅中，由于建筑面积的限制没有条件配置单独书房，则可以利用客厅的角落设计出一个紧凑舒适的阅读区。现代社会也出现了更多在家办公的SOHO族，如果没有独立的工作室的话也需要在客厅划分出工作区域。因为这些个性化的特点，客厅也逐渐演变成为家庭的核心区，实际上是家庭最大的多功能室。

基于休闲娱乐、亲子阅读、工作健身的需要，合理地划分出彼此共享又相对独立的区域，动静分区、层次清晰、井然舒适正是客厅布局的重点。

2. 动线设计要求

由于客厅聚集的人数相对较多，客厅主要通道的宽度至少应该是两个人的肩宽：600mm×2=1200mm（1.2m），甚至更宽。客厅一般要求视野开阔，可以通过家具的组合：来完成通道设计。

3. 客厅人体工程尺寸

客厅是人们日常的主要活动场所，平面布置应按会客、娱乐、学习等功能进行区域划分，保留足够的人流交通宽度和家具固定尺寸，避免因空间保留不足而相互干扰。（表1-12，图1-25）

表1-12　客厅家具之间尺寸

空间类别	净距名称	净距尺寸（单位：mm）
客厅	主交通线	1200～1800
	次交通线	400～1200
	沙发与茶几间距	300
	沙发或椅前伸脚空间	450～750
	写字台或钢琴前座椅空间	900

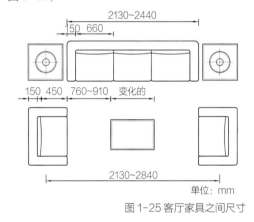

单位：mm

图1-25 客厅家具之间尺寸

4. 客厅的布局

家具是客厅设计中的重要载体，通过对沙发、茶几、座椅和电视柜的摆放可以打造出各种不同的空间布局。

（1）一字形布局适用于小空间，不摆放过多的家具，一个沙发靠墙摆放，能给居住者留出较大的活动空间。（图1-26）

（2）L形布局多用在中小型的室内空间，家具一般由一个双人沙发或者三人沙发，再加上一个单人的椅座或沙发组成。（图1-27）

图1-26 一字形客厅布局　　　　　　　　　　　　图1-27 L形客厅布局

（3）U 形布局多适用于面积比较大的住宅或者别墅，能够保证客厅的完整性和独立性，营造出比较私密的交谈区域。（图 1-28）

家具摆放的基本原则是要确保视野和光线的通透、延展，动线要流畅，讲究格局、气势，兼顾实用、便利。

5. 客厅的分区

客厅要实用，就要进行合理的功能分区。如果家人看电视的时间多，那么就可以视听柜为客厅中心，来确定沙发的位置和走向；如果不常看电视，客人较多，则完全可以会客区作为客厅的中心。客厅区域划分可采用"硬性划分"和"软性划分"两种办法。

（1）硬性划分是把空间分成相对封闭的几个区域来实现不同的功能，主要通过隔断、家具的设置，从大空间中独立出一些小空间。（图 1-29）

（2）软性划分是用"暗示法"塑造空间，利用不同装饰材料、装饰手法、特色家具、灯光造型等来划分空间。如通过吊顶从上部空间将会客区与就餐区划分开来，在地面也可以通过局部铺地毯等手段把不同的区域划分开来。（图 1-30）

6. 光线设计

（1）光线设计类型

客厅功能光线的设计要求是：当人们交谈时，彼此要能看清楚对方的面部表情和肢体动作，以便于更好地理解对方的意图；当拿取物品时，能准确找到放置物品的位置和清楚识别物品。

客厅装饰光线的设计要求是：营造具有整体感的光线环境，有目的地突出视觉重点。客厅是整个居住室内空间装饰照明的重点展示区域。（客厅光线设计如图 1-31 所示）

（2）灯具的选用及设置

客厅常见的灯具种类有台灯、落地灯、射灯、装饰性吊灯、吸顶灯、壁灯等。

图 1-28 U 形客厅布局

图 1-29 硬性划分客厅和书房

图 1-30 软性划分会客区与就餐区

图 1-31 客厅光线设计

7. 客厅视觉界面设计

客厅的视觉界面设计无论是天花界面、立面装饰还是地面铺装都要强调风格的协调统一和结构层次，不需要面面俱到地过多装饰，否则容易造成人们的视觉疲劳。（图1-32）

8. 客厅陈设品设计

陈设品是客厅中的点睛之笔，不同风格的艺术品陈设可以为空间增添意想不到的装饰效果。比如中式风格中我们大多数会采用水墨山水画、花鸟图、瓷器、陶艺、仿古灯、木雕等具有民族特点的艺术品，而在欧式风格中则会多采用铁艺枝形吊灯、欧式工艺品、抽象画、欧式茶具、欧式画框、几何图案地毯等装饰品。除此之外，绿植、花卉能为客厅带来自然清新的花草之香，也是独具美感的陈设品。（图1-33）

思考与练习

1. 客厅的平面布局原则是什么？
2. 客厅的设计原则有哪些？
3. 完成实训项目的客厅设计。

（三）餐厅

餐厅是吃饭的地方，更是与家人、朋友交流情感、沟通问题的场所，所以好的餐厅设计不仅仅有就餐和收纳的基本功能，还能体现人们对饮食文化的尊重，为居住者提供良好舒适的就餐环境。（图1-34）

1. 餐厅人体工程尺寸

餐厅是就餐和接待亲友的地方，在布置上应考虑就餐区域和过道的尺寸要合适，就餐区域尺寸应充分考虑到人

图1-32 客厅视觉界面设计

图1-33 客厅陈设品设计

图1-34 餐厅设计

的通行、服务等活动。餐厅内如果空间允许，应设置备餐台、餐车或餐具储藏柜等设备。（图1-35）

2. 餐厅的空间布局形式

（1）厨房兼餐厅

将厨房和餐厅的隔断墙去掉，可形成一个开放式餐厨一体的布局，这样设计可以最大化地利用有限的空间，整体的视野也会比较开阔。但是这种布局方式烹饪产生的噪音和油烟都会给用餐者带来不舒适的感觉，因此厨房内应选择质量很好的排油烟机和通风设施。（图1-36）

（2）客厅兼餐厅

客厅和餐厅结合形成客厅兼餐厅的布局是大部分中型住宅的选择，在设计上应该灵活使用区域分隔的技巧。可以从地板的形状、图案、材质上着手来划分客餐厅区域，也可以通过界面色彩和灯光的不同在视觉上形成差异，餐厅内还可以安置隔断、吊柜、展示柜或者是酒柜，既能够提供储物功能，还能够保证客厅和餐厅的相对分离。（图1-37）

（3）独立式餐厅

独立式餐厅是一种比较理想的布局，一般用于大型住宅或是别墅中，它的空间封闭、独立，能够避免用餐时干扰到其他的功能空间。（图1-38）

3. 餐桌的选择

餐桌一般有圆桌和方桌两种类型。

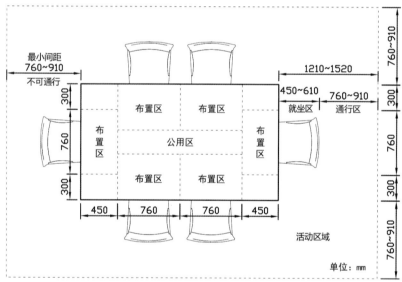

图1-35 餐桌布置区域

图1-36 厨房兼餐厅

图1-37 客厅兼餐厅

图1-38 独立式餐厅

（1）圆桌

圆桌，无论在国内还是国外都具有非常悠久的使用历史。国外餐厅的圆形餐桌一般不大，以容纳4个人或者6个人的最为常见。中国人从古至今都喜爱圆桌，因圆桌蕴含"团圆"的意思。中国餐厅里的圆桌较国外的更大一些，一般以容纳8人至12人的较为常见。圆桌更符合中国人用餐习惯。（图1-39）

建筑室内空间大部分为方形空间，当圆桌放置其中时，无法与建筑各个直线型的墙体进行贴合，因此可能会浪费空间。所以，在进行设计时就要充分考虑这些因素。

（2）方桌

方形餐桌同样在中西方都有使用。中国传统的方形餐桌为正方形，通常是4人桌和8人桌，其中又以8人桌最为常见。西方的方形餐桌通常是长方形，也有正方形餐桌，正方形的餐桌通常较小，以容纳4个人的最为常见；当人数较多时，他们更愿意选择长方形的餐桌。

由于方形的餐桌更能与建筑直线型的墙体贴合，因此相对于圆桌来说，方形餐桌更能节约空间面积。（图1-40）

4. 餐厅视觉界面设计

餐厅视觉界面处理涉及顶面、立面和地面，这三者需要合理地搭配。餐厅的地面一般会采用表面光洁、易清洁的材料，如大理石、釉面砖、复合木地板等。在顶面天花的处理上要注意吊顶造型和灯光的组合，可以利用对称或其他几何图案的造型将天花界面的几何中心集中在餐桌的正上方，这样会使整个餐厅更富有秩序感。对于餐厅的立面设计而言，一般会综合考虑实用性与装饰性相结合的手法，餐厅的视觉中心是餐桌、餐椅，所以墙面在装饰上不必太花哨，简约而富有情趣的装饰画、造型丰富而充满趣味性的隔断或者是橱柜都是很好的选择。（图1-41）

5. 光线设计

图1-39 圆桌更符合中国人用餐习惯

图1-40 方桌更节约空间

图1-41 餐厅视觉界面设计

在对餐厅进行光线设计时，建议从功能光线和装饰光线两方面入手。

餐厅对功能光线设计具有较高要求，原因是：其一，对菜品的评价讲究"色、香、味俱全"；其二，餐桌的餐具（碗、碟、筷、刀、叉等）与陈设品（烛台、花器等），以及菜品摆放具有很强装饰性，同时还具有一定的礼仪内涵。因此，在进行功能光线设计时，首先要求照射到餐桌上的光线要足够：对于用餐的人来讲，要能看清楚菜品和顺利地取拿物品；对于服务的人来讲，要能看清楚餐厅的整体环境、桌面情况等。其次，要能清楚地观察食物，还原食物的原本色彩，并顺利完成整个进餐的系列动作。再次，功能光线最好不要让桌面的物品产生明显的阴影，建议采用有多个发光体的灯具，以免影响视觉的辨识度，有灯罩的灯具或者多头灯具是不错的选择。

带有灯罩且光线朝下照射餐桌的多头灯具，能把餐桌上的食物照射清楚，并使整个餐厅具有空间感，进餐人的面部具有立体感和生动感，适合需要营造温馨氛围的餐厅。

不带灯罩的多头吊灯，能把餐桌上的食物照射清楚，进餐人的动作和表情被全部展现出来，使整个餐厅空间气氛开朗、活跃。

餐厅作为一个公共型空间，在装饰光线的设计上要求主次清楚，即在保证功能光线效果的前提下，在光线强度与光照位置上对装饰性光线进行搭配设计。（图 1-42）

6. 色彩设计

人们就餐时的食欲、情绪会直接受到环境色彩的影响，因此，暖色系是餐厅普遍使用的光源色系。暖色系能够刺激用餐者的食欲，并且营造温馨的就餐氛围，提高用餐者的兴致。（图 1-43）

思考与练习

1. 如何进行餐厅墙面材质的选择？
2. 餐厅的色彩设计有哪些特点？
3. 完成实训项目的餐厅设计。

二、私密活动区域：卧室、书房、卫浴间

私密活动区域是家庭成员们进行私密行为的活动空间，它的设计需要充分满足家庭成员个体的不同需求，私密活动区域为家庭成员们提供适当的私人空间和适度的距离，同时也可以让人们拥有自己的空间展现自我爱好和满足兴趣取向。私密活动区域主要包括卧室、书房、卫浴间。

（一）卧室

人的一生大约有三分之一的时间在睡眠中度过，卧室是人们在家中停留时间最长的空间。人在卧室里的主要行

图 1-42 餐厅光线设计

图 1-43 餐厅色彩设计

为是进行彻底放松和休息，以恢复体力和精力。除此之外，人在卧室还要进行私密事务的处理。总而言之，卧室是让人有安全感的地方。（图1-44）

1. 设计考虑

"舒适安静"是卧室设计考虑的第一需求。围绕着"舒适安静"，首先是要选择一张适宜的床。这间卧室是否为夫妻俩使用的主卧？是老人房还是成长中的儿童的卧室？如果是儿童房，还可以细分为幼童和学龄儿童，不同的使用人群的卧室，其整体设计风格和细节处理是不一样的，对于床型和尺寸要求也是不一样的。

2. 卧室的类型

根据所服务的对象不同，卧室可分为主人卧室、儿女卧室、老人卧室、客人卧室、佣人卧室等类型。

（1）主人卧室是供主人休寝的空间，具有强烈的私密性要求。应营造出一种宁静安逸的氛围，注重主人的个性和品位的表现，要有私密感、安宁感和安全感。同时，主卧室可以具有睡眠、梳妆、更衣、储藏、盥洗等多种功能，充分满足各种与休寝相关的活动需求，睡眠中心的设置取决于主人的婚姻观、性格类型和生活习惯。（图1-45）

（2）儿女卧室应充分考虑到使用者的年龄、性别、性格等因素，处于不同成长阶段的孩子对卧室的需求是不同的。婴幼儿期（0～6岁）的儿女卧室，面积不宜过大，需要与照看者的房间相邻，配置婴儿床、简单玩具和一小块游戏活动区域，可大胆采用对比强烈的鲜艳颜色，充分满足孩子的好奇心与想象力。少儿期（7～13岁）的儿女卧室应具备休息、学习、游戏以及交际功能，可依据孩子的不同性别与兴趣特点，设置玩具架或梳妆台。青少年期（14～18岁）的孩子纯真活泼、富于理想，具有相对独立的人格和主见，学习成为他们的主要任务，因此书桌与书架构成的空间，成为继睡眠中心之后的又一主要功能区域。（图1-46）

（3）老人卧室一般以实用为主，要最大限度地满足老人的睡眠及储物需求。中老年阶段是对睡眠质量要求最高的时期，隔音降噪是老人卧室设计的重点，所用的材料隔音效果一定要好。同时应考虑安全因素，老人的行动范

图1-44 温馨浪漫的卧室

图1-45 宁静安逸的主人卧室

图1-46 活泼的儿女卧室

围内应留有无障碍通道，应使用具有防滑功能的材料，配色以柔和淡雅的同色系配置为主。（图1-47）

（4）客人卧室和佣人卧室主要考虑睡眠功能，可以附带收纳功能，设计上可以比主卧室简单一些，保证通风和采光，家具宜少不宜多，布局和陈列的样式应以简洁为主。

3.传统讲究

（1）床不宜正对着门，否则会使人感觉房间狭小压抑。

（2）床应与窗口保持一定的距离，远离窗口的噪声污染和风口。

4.卧室人体工程尺寸

卧室有睡眠、储物等功能，要留有存放满足功能需求的家具设备的空间，以及使用这些家具设备时所需的空间。（图1-48）

图1-47 静谧、淡雅的老人卧室

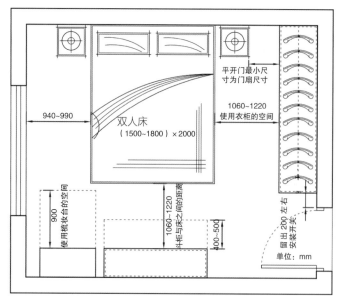

图1-48 卧室活动区域尺寸

5.功能分区

卧室是以"床"为重点展开设计的，卧室空间还有化妆、休闲、储藏、卫浴等综合性要求，所以卧室空间还应划分出相应的区域来安置梳妆台、椅子、衣柜等。卧室中的休闲区一般用于满足视听、交流、阅读等活动的需要。同时卧室里还应保留充足的储物区，多数家庭各类衣物、被褥需要占用大量的空间，如果卧室的面积足够大，可以考虑连通主卧的衣帽间和专用的卫浴间，让各区域的功能得到极大释放。（常见床尺寸见表1-13）

表1-13 常见床尺寸

（单位：mm）

宽	长
900	2000
1200	2000
1350	2000
1500	2000
1800	2000
2000	2000

6.材料选择

卧室的装饰材料应选择吸音性、隔音性好，柔软美观的材料，比如棉质布艺、软皮等。局部墙面可以软包或者用木饰材料进行装饰。床头背景墙是设计重点，应当具有简洁的造型、精致的色彩搭配和质感丰富的材料，这样既可以体现整个卧室的设计风格、品位，也可以烘托出卧室的独特气氛。具有保温、吸音功能的地毯也是卧室用材的理想选择，而大理石、地砖、不锈钢等较为冷硬的材料都不适合在卧室出现。窗帘、窗幔是卧室最重要的软装饰，应当具有遮光好、散热、保温及隔音较好的特点。卧室的窗帘一般是一纱一帘，更利于营造舒适静谧的睡眠环境，也可以使空间环境更富有情调。（图1-49）

图1-49 木饰面装饰的床头背景

图1-50 柔和的卧室灯光

图1-51 淡雅的卧室设计

图1-52 书房

7. 灯光照明

卧室的灯光照明以柔和的暖色调光源为主，这样可以缓解白天紧张的生活压力，更易于睡眠。除了卧室的天棚顶灯，墙面可以安装壁灯，或者在床头安置可以调节明暗的台灯、床灯等，特别是老人卧室还应该增加脚灯为夜晚如厕提供照明。（图1-50）

8. 色彩设计

卧室的色彩设计应该淡雅、简洁，不宜使用对比过于强烈的色彩，这样才能营造出温馨亲切的氛围，一般来说卧室色彩的明度应当低于起居室。

安静、舒适体现高品质的生活质量，合理地利用整体空间，将功能性和装饰性完美地融合，正是卧室设计的重点。卧室设计要全面考虑居住者的年龄、性别、性格等特点，只有这样才能设计出符合居住者需求的卧室空间。（图1-51）

思考与练习

1. 卧室的功能有哪些？
2. 卧室的照明设计有什么特点？
3. 不同类型卧室设计有什么区别？
4. 完成实训项目的卧室设计。

（二）书房

在家庭的各项活动中，阅读和学习占有相当大的比例，书房已成为许多家庭居室中的一个重要组成部分。作为阅读、书写以及业余学习、研究、工作的空间，书房的功能较为单一，是为个人而设的私人天地，最能体现居住者的习惯、个性、爱好、品位和专长。（图1-52）

1. 功能及家具配置

书房功能布置需要着重考虑使用者的职业和学习、工作习惯，书房一般包括工作区、交流区和储物区几个部分。工作区有阅读、书写、创作等功能，是书房中心区，应该处在相对稳定且采光较好的位置，主要由书桌、工作台等组成。交流区有会客、交流、商讨等功能，这一区域受书房面积影响，主要由座椅或沙发组成。储物区有书刊及其他资料、用具等存放功能，是书房中不可或缺的重要组成部分，其中

图1-53 书房家具配置

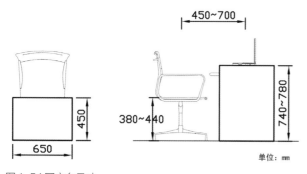

单位: mm

图1-54 写字台尺寸

的家具一般以书柜为代表。（图1-53）

2．书房人体工程尺寸

书房是学习、工作的地方。按照我国成人平均身高测算，写字台高度一般为740~780mm；考虑到腿在桌子下面的活动区域要适宜人体的尺度，桌子高度确定为在椅子高度基础上加300~400mm；椅子的高度一般为380~440mm。设置写字台之前既应考虑留有放椅子的位置，还应考虑拉开抽屉之后所占用的空间，前者需要600mm以上的宽度，后者则需要至少400mm（图1-54）。书桌的边缘离书架至少要留有750mm的空间，才能保证人方便地拿取书籍。

3．书房的类型

书房大致可分为开放式书房和封闭式书房两种类型。

（1）开放式书房设于起居室或其他适宜位置，与其他空间交融在一起，也可以通过弹性分隔或象征性分隔形成相对独立的空间。（图1-55）

（2）封闭式书房通过绝对分隔的方式分隔出单独的空间，形成类似于私人办公室的形态，空间独立，抗干扰性强。（图1-56）

4．环境

书房环境要安静优雅。人在嘈杂的环境中工作效率会降低，安静对于书房来讲是非常重要的。尽量不要选择靠近道路或是活动场所的房间作为书房。

5．材料选择

尽量选用隔音和吸音效果良好的装饰材料，如采用吸音效果佳的地毯，选用较厚的窗帘材料等。另外，书房墙面比较适合使用亚光涂料，壁纸、壁布也很合适，可以增加静音效果，也避免了产生眩光。

图1-55 开放式书房

图1-56 封闭式书房

6. 照明设计

书房对照明和采光的要求很高，过于强、弱的光线都会对视力产生很大的影响，所以书桌的摆放以及与窗户的位置关系就非常的重要了，既要考虑到光线的充足，还要避免阳光直射产生的眩光。书房的人工照明一般不需要全面用光，但是要把握明亮、均匀、自然、柔和的原则。除了书桌上的台灯，其他重点区域也应该有局部照明。比如书柜的层板里的藏灯，或是天花板上方的筒灯，都能帮助我们更方便地查找所需要的书籍。

7. 色彩设计

在色彩方面应避免强烈刺激，宜多用明亮的无色彩或灰色等中性颜色，使用冷色调有助于人的心境平稳和头脑清醒，家具和陈设品的颜色应与书房整体颜色协调。（图1-57）

书房是家中文化气息最浓的地方，书房中的陈设会使书房别有一番风味。比如说绘画、雕塑、工艺品等，既能起到装饰书房的作用，又能够在人们工作的间隙提供欣赏、把玩的乐趣，以缓解主人的疲劳感。

（思）（考）（与）（练）（习）

1. 书房的功能布局应考虑哪些因素？
2. 书房墙面宜使用哪种材料？
3. 完成实训项目的书房设计。

（三）卫浴间

现代的卫浴间不再仅仅是解决个人清洁问题的私密性空间了，随着人们生活品质的提高，对卫浴间的要求除了实用，还有舒适、卫生、安全、美观。卫浴间既是解决人们基本生理需求的空间，也要能让人们通过沐浴来缓解疲劳的身心。（图1-58）

1. 功能分区

卫浴间的功能分区主要包括洗衣清洁区、盥洗梳妆区、沐浴区和如厕区。一般沐浴区会单独隔开，防止洗浴时水花乱溅弄脏其他区域和造成卫浴间地面湿滑，隔断一般采用玻璃隔断、玻璃推拉门等，或者是采用防水帘布等局部隔断。卫浴间的空间布置要张弛有度，合理划分主要功能区后，可将放松休闲的区域穿插进去，该区域可提供一定的视听、阅读功能，应避免堆放太多物品，比较开阔的空间才能让人放松身心。

图1-57 整体色彩体现出静谧之感

图1-58 卫浴间

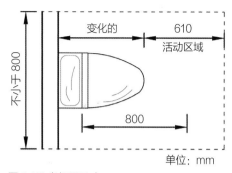

图 1-59 坐便器尺寸

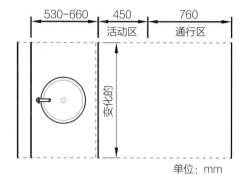

图 1-60 洗脸盆尺寸

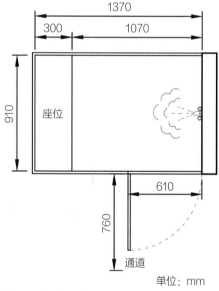

图 1-61 淋浴间尺寸

2．卫浴间人体工程尺寸

卫浴间空间狭小，一般在 3 ～ 6m²，设备较多。在卫浴间空间研究中，对人与设备的关系、人的动作幅度及范围、人的心理感觉等方面的考虑要更加细致、准确。要让人在使用中感到很舒适，能安全、方便地操作设备，动作舒展自如。

卫浴间的设计是由几个方面综合决定的，一般主要考虑技术与施工条件、设备的尺寸，人体活动需要的空间及一些生活习惯和心理方面的因素。一般坐便器加低水箱的长度在 745 ～ 800mm，坐便器的前端到前方门或墙的距离应保持在 500~600mm，因此坐便器厕所的最小净面积尺寸应保证大于或等于 800mm×1200mm（图 1-59）。独立的使用蹲便器的卫浴间要考虑人下蹲时与四面墙的关系，一般最少保证蹲便器的中心线距两面墙各 400mm，即净宽在 800mm 以上；应尽可能在前方留出充足的空间。带有洗脸洗手功能的卫浴间，便池和洗脸盆之间应有一定距离，一般便池的中心线到洗脸盆边的距离要大于或等于 450mm。（图 1-60）

独立浴室的尺寸跟浴盆的大小有很大的关系，此外设计时还要考虑穿脱衣服、擦洗身体所需的活动空间及内开门占去的空间。选用小型浴盆的浴室尺寸一般为 1200mm×1650mm，选用中型浴盆的浴室为 2650mm×1650mm。对于独立淋浴室的尺寸，应考虑人体在里面活动、转身的空间和喷头射角的关系，一般尺寸为 900mm×1100mm、800mm×1200mm 等，小型的淋浴盒子间净面积可以小至 800mm×800mm。对于独立洗脸间的尺寸，除了考虑洗脸化妆台的大小和弯腰洗脸等动作占的空间外，还要考虑卫生化妆用品的储存空间。此外，洗脸间多数还兼有更衣和洗衣的功能，兼做浴室的前室。（图 1-61）

3．卫浴间的布局

卫浴间的布局一般分为三种形式，即独立型、兼用型和折中型。

（1）独立型卫浴间是将沐浴区、盥洗梳妆区、清洁区、如厕区分开形成独立的空间，功能明确，能很好地做到各功能区互不影响，且干湿分离，可以大大提高卫浴间的使用效率，但该布局形式需要的空间面积较大且造价较高。（图 1-62）

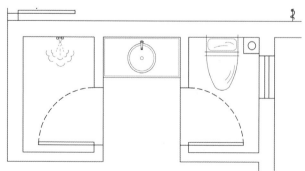

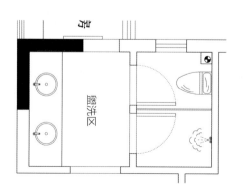

图 1-62 独立型卫浴间

（2）兼用型卫浴间则是将各个功能区合并集中在一个空间内，中间没有明确的空间划分。这种布局形式的卫浴间虽然节省空间且经济实惠，但不允许多人同时使用，会造成时间上的浪费，不适合人口较多的家庭。（图1-63）

（3）折中型卫浴间则是将前两种布局形式相结合，将部分功能区合并起来。这种组合方式较自由，可根据主人生活习惯及需要进行合理安排，如将盥洗梳妆区、清洁区集中起来，沐浴区和如厕区则独立出来，既节省了一部分空间，也提高了使用效率。（图1-64）

4. 基础工程

卫浴间的基础工程很重要，对其防水和排水基础设施要做足。尤其是进行旧房改造时，管线应该重新配置，确保给水到排水的路径合理，排水流畅不容易积水，保证卫浴间的干净舒适。

5. 材料选择

卫浴间的天、地、墙与其他陈设，应当使用防水防潮的材质，并采用平滑造型，这样不会有凹槽勾缝残留水渍，也方便擦拭清洁。卫浴间的界面处理应充分考虑装饰材料防水、防滑、耐污的特点。对不同的功能区可以通过不同花纹的地砖进行有效区分，沐浴区的地砖则要进行防滑处理。

6. 灯光设计

灯光照明是卫浴间的一个重要组成部分。沐浴区以柔和的灯光为主，光线均匀，亮度不宜太高，灯具应具有防水散热的功能和安装结构不易积水的特点。在洗漱区，使用者一般会有化妆的需求，所以对光线的角度和灯光的照度会有较高的要求，一般多采用白炽灯和显色性较好的灯具，位置一般在化妆镜的两侧或是顶端。

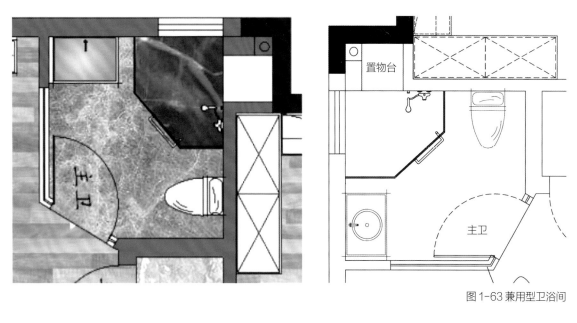

图 1-63 兼用型卫浴间

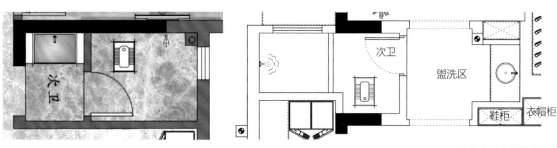

图 1-64 折中型卫浴间

7. 色彩设计

卫浴间的色彩搭配,在视觉效果上需要由各界面材料、灯光、陈设器具的色彩相融合而成。一般来说,卫浴间的色彩以冷灰色调为佳,多选用透光玻璃做装饰,因为冷色调往往具有很好的反光效果,会让狭小的卫浴间更具空间感、通透感。也可采用清新自然的暖色调,如乳白色、象牙黄的墙体,配以色彩相近、图案雅致的地面铺装,在柔和、温暖的灯光的映衬下,会使整个空间视野开阔、气氛温馨、环境清雅洁净。(图1-65)

8. 软装饰

设计一个温馨洁净的卫浴间,不仅需要在颜色、照明和家具上进行把握,还可以在软装饰上下一番工夫,使冰冷的空间变得温暖亲切。比如说采用材质柔软、图案丰富的布艺窗帘或是地毯来点缀局部的空间,用小巧精致的绿植来美化空间,丰富室内的色彩变化都是不错的选择。(图1-66)

思考与练习

1. 卫浴间界面处理有哪些原则?

2. 小面积卫浴间色彩应怎样设计?

3. 影响卫浴间布局的主要因素有哪些?

4. 完成实训项目的卫浴间设计。

图1-65 冷色调卫浴间　　　　　　　　　图1-66 绿植点缀卫浴间

三、家务活动区域:厨房、阳台、衣帽间

家居空间中有休憩、放松身心的休息区,同时也有家务活动区域。家居空间中常见的家务活动区域包括厨房、阳台、衣帽间。

(一)厨房

俗话说民以食为天,厨房是家居中不可或缺的生活空间,特别是现代化的厨房,小小的空间里凝聚了人们对烹

图1-67 厨房

饪美食，享受高品质生活的不懈追求，既要操作起来方便顺手，还要漂亮整洁、有格调。（图1-67）

1. 厨房的功能

厨房的设计首先要注重它的功能性。拥有一个精心设计、装修合理的厨房会让主人的生活变得轻松愉快起来。打造温馨舒适的厨房，首先要讲究视觉上的干净清爽，因为它是烹饪美食的空间，安全和健康是影响受众感官的第一要素。其次是要有舒适方便的操作中心，橱柜的设计要结合人体工程学的科学性与舒适性，对灶台的高度、灶台和水池间的距离、冰箱和灶台间的距离都应有科学适度的把控；择菜、切菜、炒菜都有各自的活动空间；安置橱柜可增加收纳空间，方便对日常食物和厨具的管理。再次是要体现生活品位和情趣，对于现代家庭来说，厨房不单单是烹饪的地方，更是一家人交流的空间、休闲的舞台，工艺画、绿植等装饰品开始走进厨房，餐台、吧台的打造使做饭时家人可以交流一天的所见所闻，也是晚餐前的一道风景。

2. 动线设计

厨房设计要做到动线合理。厨房操作三大项——洗、切、炒如何配合、衔接，是厨房功能布局设计中至关重要的组成部分。厨房工作区域可以分为食品储藏区、厨具储藏区、清洗区、准备区、烹饪区五大基本功能分区，只有

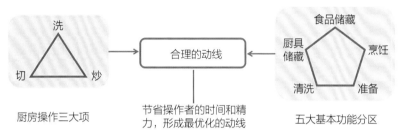

图1-68 合理的厨房动线

合理地分区布局，才能节省操作者的时间和精力，形成最优化的动线。（图1-68）

（1）食品储藏区：主要家用电器冰箱的安放区及米、面、油等食物的储藏区。

（2）厨具储藏区：收纳锅具、餐具、杯具、烹饪小工具等。

（3）清洗区：水槽所在区域。水槽下方柜体多用于安装存放净水器、厨宝（即热式热水器）、洗涤用品、垃圾桶等，不能作为食品储藏区使用。

（4）准备区：大部分烹饪前的准备工作需要在这里完成，比如切菜、备菜、摆盘、腌制等。

（5）烹饪区：是主要用火区域。灶台所在区域如果空间允许，还能将烹饪器具如烤箱、微波炉、锅具收纳至此。

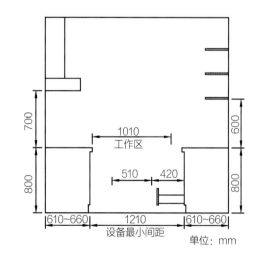

3. 厨房人体工程尺寸

为了便于人在厨房进行各种烹饪活动，必须根据人体静点位置和活动尺度来设计厨房的设施及布置橱柜用具等。厨房家具高度尺寸如下：灶台和洗涤台高度800mm左右为宜；地柜底座高度100mm为宜，地柜底座深度不宜小于50mm，地柜台面至吊柜底面净空距离600mm为宜；灶台上烹饪器具的支撑面与安装在灶台上方的抽油烟机最低部的距离650~700mm为宜。厨房家

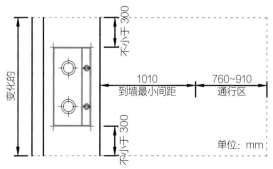

图1-69 厨房家具尺寸

具深度尺寸包括：橱柜深度600~700mm为宜，市场上常见的尺寸是600mm；吊柜的深度300~400mm为宜，常见350mm。（图1-69）

4. 布局

厨房的布局受限于建筑结构，结合个人的使用和生活习惯，功能布局在平面图上的体现总结为以下五种形态。

（1）Ⅰ型厨房，也叫一字型厨房，常见于公寓。在这种厨房中的工作流程完全在一条直线上进行，厨房总长控制在4米以内，才会有精巧、便捷的使用效果。如果厨房过于狭长，则不便于居住者操作。合理地利用墙壁挂件和吊柜，可减少操作距离过远带来的不便，能提高效率。（图1-70、图1-71）

（2）Ⅱ型厨房，又称双一型厨房。厨房空间长而窄并带双门，采用Ⅱ型布局，充分利用两侧的空间。这并非

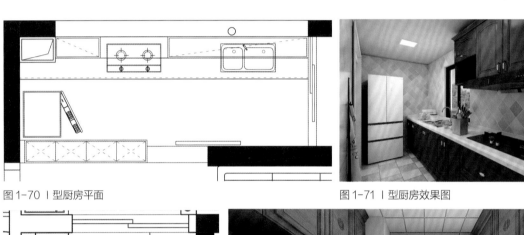

图1-70 Ⅰ型厨房平面　　　　　　　　　　　　图1-71 Ⅰ型厨房效果图

图1-72 Ⅱ型厨房平面　　　　　　　　　　　　图1-73 Ⅱ型厨房效果图

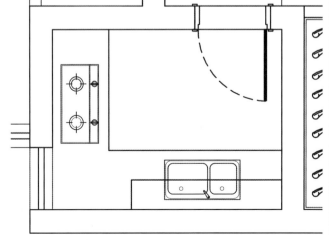

图1-74 L型厨房平面　　　　　　　　　　　　图1-75 L型厨房效果图

理想的厨房布局，所以应尽可能将洗、切、炒所需设施安放在一侧，减少人在操作时的行走距离。（图1-72、图1-73）

（3）L型厨房，是在I型厨房的基础上，在转角处增加短边而形成的。操作时移动较少又节省空间，是目前居室中最常见的厨房布局。（图1-74、图1-75）

（4）U型厨房，动线较为合理，操作效率高，洗、切、炒可以轻松做到在三角形工作区域多人共同操作时可以在两侧同时进行，互不打扰。在细节上我们要注意，两个直角处形成了封闭空间，需要加以巧妙地设计利用，使其成为优秀的储物空间。（图1-76、图1-77）

（5）岛型厨房，有一个宽大的备餐操作台，应该是很多家庭主厨的梦想，除了可以满足多人协作使用外，岛台的下方也增加了大量的储藏空间。不要以为只有大户型房屋的厨房或大厨房才能使用岛台，现在越来越多的家庭选择了餐厨一体的开放式厨房。在这种开放连贯的布局中，岛台作为中介，既不影响视野的通性，又能清楚地划分出不同的使用区域。岛台也具有复合性功能，除了做备餐台、料理台或者是餐桌外，还可以在上面安装水槽、电磁炉，简单地用来烧开水、冲咖啡或者制作轻食早午餐，轻松方便也易于打理。（图1-78、图1-79）

5. 收纳

厨房收纳的要点是高效收纳。比起客厅，厨房里需要收纳的物品属于中小尺寸，数量较多，在不影响烹饪时的便利操作、光线照明、动线流畅与用餐情境的前提下，每一侧的立面都应该物尽其用，不闲置。

厨房收纳有三宝：橱柜、挂钩、置物架。

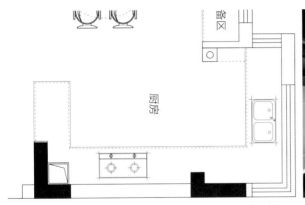

图1-76 U型厨房平面

图1-77 U型厨房效果图

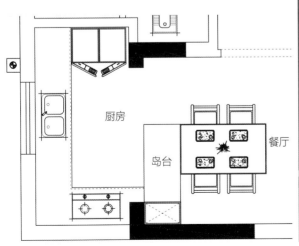

图1-78 岛型厨房平面

图1-79 岛型厨房效果图

图1-80 橱柜拉篮

图1-81 吊柜下拉篮

橱柜的设计尽量使用抽屉或拉篮，减少平开门的数量。抽屉可以轻松打开，内部的物件一览无余，无须过度地弯腰和下蹲，以降低操作的疲劳感。（图1-80）

吊柜尽量选择平移上翻门等五金，避免磕碰，安装自动或电动无拉手滑轨、铰链也是新的趋势。（图1-81）

常用的厨房用具悬挂在挂杆、挂钩上，必要的时候增加置物架，提高厨房空间的利用率。

6. 选材

厨房很容易有油污、水渍，也需要处理食材或清洁餐具，会频繁开关橱柜，所以厨房使用的材料都追求耐用、防水、防刮与好清洁等特质。

首先地面的构成材料首选高硬度的耐磨地板或防滑地砖。勾缝使用防霉、耐水的勾缝剂，避免渗入油污导致发霉变黑。

天花板多使用铝扣板集成吊顶、PVC扣板以及耐水的石膏板。硅酸钙板耐久又耐潮，是一种新型的绿色环保建材。

对墙砖的物理性能没有对地砖要求的那么高，墙上可以铺设瓷砖、马赛克或烤漆玻璃，不怕水，也容易清洁、擦拭。

橱柜部分是定制化的工业产品，无论是台面、门板还是柜体，可用的材料非常多，共同的特点是防火、耐磨、易清洁。

7. 灯光设计

大多数家庭的厨房照明是靠一盏吸顶灯或由集成天花板的内嵌式吸顶灯来提供，吸顶灯通常位于顶部空间最中央。然而无论备菜、洗菜、炒菜，灯光的聚焦点都是人所站的位置，而不是操作区，并且操作的时候顶部的光源很有可能在台面上投下人的阴影，反而让操作台变得昏暗，看不清楚。

建议所有的操作台面都安装局部照明设施，在吊柜的下方安装灯带、射灯等都是不错的选择。有条件的话，精致的厨房灯光设计还应该延伸到橱柜的内部，使取物更方便，也能营造更温馨、时尚的家庭氛围，不用担心灯光污染，橱柜的内嵌光源都带有感应装置，开门即亮，关门即黑。

8. 设计细节

几平方米的厨房承载着为家人制作美食的重任，是体现家庭生活质量的重要场所，想要拥有一个让生活变得轻松愉快、温馨舒适的厨房，还需要在每一个细节上用心设计。同时，厨房是住宅科技体现得最为集中的地方，大量的现代化厨房电器，可以使人们的劳动变得轻松便捷。

（1）油烟拉门。开放式的厨房蔚为时尚，餐厅与厨房的关系更加紧密，但是考虑到油烟会影响到生活品质与用餐环境，不妨设计一道玻璃拉门，油烟能被有效隔绝，也保证了视野与光线的延展不受影响。

（2）厨余回收桶。担心厨房的垃圾产生异味或影响视觉美观，可以安装厨下型厨余回收桶，它能和柜体完美结合，清洗起来也非常方便，整体上丝毫不会让人觉得突兀，又能有效被遮盖，看不到垃圾桶的厨房显得更干净整洁。

（3）橱柜操作平台的高度。在厨房里进行长时间的烹饪，操作台面的适宜高度对防止疲劳起到了决定性的作用。当人体长时间地屈膝，向前倾斜20度左右时，腰部将承受极大的负荷，长此以往，腰痛也就伴随而来，所以橱柜操作平台高度设计一定要考虑厨房使用者的身高。

（4）厨房电器设备的配置与布局。厨房里的电器非常多，有电饭煲、电压力锅、电水壶、榨汁机、微波炉、电烤箱等，这些几乎是现代厨房的小家电标配。如果家庭成员喜欢做饭或者烘焙，还会购买厨师机、搅拌机、面包机、电蒸炉等设备，对生活品质要求特别高的家庭还会有洗碗机、消毒柜、净水机、软水机、咖啡机等，这样算起来，平均每户至少有 8 ~ 10 种电器。这么多的电器需要摆放，所以一定要合理利用好岛柜、电器柜，使电器的取用和收纳更为方便。

（5）净水装置也是现在很多家庭考虑购置的设备。净水器的种类非常多，有前置净水器、软水机、超滤机、反渗透净水器。需要注意的是，如果需要安装净水装置，一定要预留好空间，规划好净水器的水路和电路。

随着科技的发展，厨房的电器会越来越多，合理地摆放、储存各类设备，并根据尺寸定制好橱柜，包括水、电、气的线路设计，都是设计师需要提前规划的内容。即使现阶段的电器少，也最好预留充足的插座，以备不时之需和升级使用。

厨房的功能正从基本的烹饪向多功能、娱乐化、舒适性的方向发展，而优秀的厨房设计可以帮助人们从劳作中解放出来，使厨房真正变成一种愉悦身心的享受之地。

思 考 与 练 习

1. 厨房的布局有几种形式？
2. 厨房的动线应怎样设计？
3. 厨房的界面材料选用有何特点？
4. 完成实训项目的厨房设计。

（二）阳台

阳台是家与大自然"沟通"的场所，是室内与室外之间的一个过渡空间。（图1-82）

1．阳台的功能

无论是几十平方米的露台，还是几平方米的方寸之地，只要略花心思，栽种几盆花草或布置简单的设施，都可以成为呼吸新鲜空气、沐浴阳光、观景、纳凉、晾晒衣物的理想场所，给生活增添一份悠闲自得的情趣。（图1-83）

图1-82 阳台

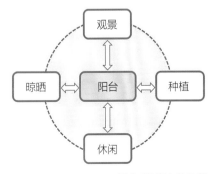

图1-83 阳台的功能

图1-84 阳台界面材料

图1-85 衣帽间

2. 阳台的类型

根据封闭程度而言，阳台一般可分为封闭式阳台和开放式阳台；根据其空间位置可分为屋顶平台、家庭庭院、挑阳台、转角阳台等；根据其与外墙的关系又可分为凹入阳台和凸出阳台。封闭式阳台一般在阳台沿口安上铝合金或塑钢窗，可以改造成具有一定功能的场所，如阳光房、阅读角等。开放式阳台强调与户外环境的融合，可以养殖植物和花卉，既能美化家居空间环境，又有助于改善室内空间的小气候，使空间更有生气。（表1-14）

表1-14 阳台的类型

划分方式	类型
空间形式	封闭式、开放式
空间位置	屋顶平台、家庭庭院、挑阳台、转角阳台
其与外墙的关系	凹入阳台、凸出阳台

3. 阳台人体工程尺寸

阳台栏杆需具有抗侧向力的能力，其高度应满足防止坠落的安全要求，六层及以下住宅不应低于1050mm，七层及以上住宅不应低于1100mm（《住宅设计规范》GB50096-2011）。栏杆设计应防止儿童攀爬，垂直杆件净距不应大于110mm，以防止儿童从间隙钻出。露台栏杆、女儿墙必须防止儿童攀爬，国家规范规定其有效高度不应小于1100mm，在高层建筑不应小于1200mm。

4. 基础工程

阳台作为室内外的过渡空间，首先要做好防水和排水处理，避免雨水进入室内。阳台地面应低于室内楼层地面30~150mm，向排水方向做1%~2%的平缓斜坡，外沿设挡水边坎，将水集中引入雨水管后排出。

5. 材料选择

阳台地面与墙面材料，应具有抵抗大气和雨水侵蚀、防止污染的性能。阳台墙面可抹灰、铺贴瓷砖或镶嵌大理石等。（图1-84）

思考与练习

1. 阳台有哪些功能？
2. 阳台的地面材料选择有何特点？
3. 完成实训项目的阳台设计。

（三）衣帽间

衣帽间一般用于储存收纳衣物，为主人更衣时提供必要的安全私密性空间与适当的照明，通常与化妆间混合为综合生活体。在当下这个追求时尚和个性的社会，其设计也应当随不同的主人被有所区别地对待。（图1-85）

1．衣帽间的功能

衣帽间主要应具备储物、收纳衣物的功能，一个安排合理的衣帽间应有足够的空间用来分类存放不同季节所需的衣物。竖向的、较狭长的空间适合悬挂大衣，横向的、由抽屉分割出的空间适合摆放衬衫、T恤等小型衣物。在空间足够的前提下，各类衣物应当有妥善分类的空间储存，摆放位置也可按照方便主人拿取的原则来安排，如帽子放置在最上面的空间，衣物处于柜子的中间，鞋子放置在最下面的地方。

2．衣帽间人体工程尺寸

衣帽间的功能是储物，在留有存放具备储物功能的家具设备所需空间的基础上，还需留出足够的满足人们活动的空间。（图1-86）

3．空间布局

衣帽间越来越成为现代家居生活中不可分割的部分。其设计应该给人以温暖、舒适与安全的感受，需要较为封闭和私密的空间布局，这样才更加满足衣物更换时的心理安全感受。衣帽间的平面布局形式一般有三种：

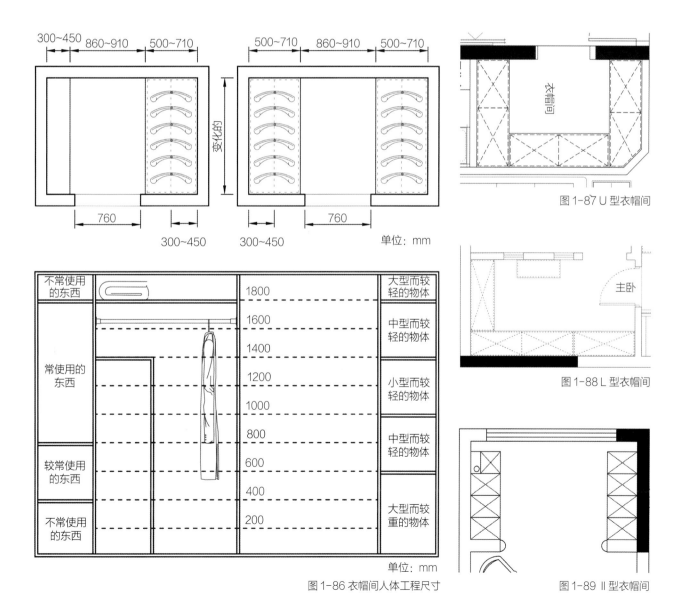

图1-87 U型衣帽间

图1-88 L型衣帽间

图1-86 衣帽间人体工程尺寸

图1-89 Ⅱ型衣帽间

（1）如果房间是规则的，呈正方形的话，可设计为 U 型的柜体，这样可以充分利用转角空间。（图 1-87）

（2）如果房间呈长方形，在宽度不是非常充足的情况下，以 L 型的柜体设计为佳。（图 1-88）

（3）如果房间是宽长方形的话，还是以二列平行式的柜体设计为好。（图 1-89）

4. 照明设计

在照明设计上，光线也是衣帽间设计时所考虑的问题之一。为使衣服的颜在灯光下看起来接近正常，方便主人选择，宜在衣帽间设置显色性较好的光源，选择柔和舒适的光线。配合悬挂在墙上的试衣镜，会使空间具备更强的纵深感。（图 1-90）

5. 色彩设计

衣帽间在色彩设计上一般带有性别属性，例如男性的衣物普遍为黑、灰等色系，其储物柜的设计通常用同色系或原木系，保证视觉上的和谐、平衡；女性的衣物颜色与男性相比较则更加丰富，衣柜的色彩更适合选用颜色较淡雅的白色系或浅木色系，作为一种低调的陪衬存在，有突出衣物之华丽与明亮的效果。当然，对于现代职业女性来说，符合其职业特点的冷灰色系空间也是合理的存在。（图 1-91）

6. 柜体层次构成

柜体一般由上、中、下三个层次构成。

（1）上层：柜体的最上层可留出较大的隔层空间，用来收纳轻且不常用的、体积较大的物品，如旅行箱、换季被褥等。

（2）中层：放置最常用的物品，如西装、大衣、外套等；尽可能多地预留出挂衣空间，并根据衣服的长短分上下横杆悬挂。同时可以选择旋转衣架，充分利用转角的空间，达到最大程度收纳衣物的效果。

（3）下层：柜体的下层常收纳一些重且不常用的物品，当然也可以在设计时用抽拉板或隔板分类存放叠起来的针织衣物和 T 恤衫，可使叠放的衣物井井有条，同时使人们弯腰取物时更轻松、便捷。（图 1-92）

思 考 与 练 习

1. 衣帽间布局有哪些方式？
2. 衣柜设计时柜体的划分原则是什么？
3. 完成实训项目的衣帽间设计。

图 1-90 衣帽间照明设计

图 1-91 衣帽间色彩设计

图 1-92 衣帽间细节设计

模块二

基于美感的家居空间艺术处理

任务一　东方神韵

任务二　欧美浪漫

任务三　自由空间

JIAJU KONGJIAN SHEJI 家居空间设计

学习要点：

（1）了解家居空间设计的风格；

（2）熟悉几种典型的家居空间设计风格。

风格可以理解成精神风貌与格调，在室内空间中，室内设计语言会汇聚成一种式样，风格就体现在这种特定的式样当中。室内设计是一门设计艺术，在设计中要考虑到居室的实用性和人们的审美取向。不同的社会发展时期，由于文化取向不同，审美意识上也会存在着差异。

装饰风格是以不同的文化背景以及不同的地域特色作依据，通过各种设计元素来营造一种特有的风格。随着设计师根据市场规律总结而提出的轻装修、重装饰的理念，风格多在软装上来体现。

室内设计的风格属室内环境中的艺术造型和精神功能范畴，往往和建筑以及家具的风格紧密结合；有时也以相对应时期的绘画、造型艺术，甚至文学、音乐等艺术表现风格来打造室内环境。

任务一
东方神韵

东方神韵的风格主要包含以下几种：新中式风格、日式风格、东南亚风格。

一、新中式风格

中国具有上下五千年悠久而独特的发展历史和鲜明的文化特征，其内在的文化意识和精神是我们民族艺术设计的财富。在多元化发展的今天，弘扬民族传统文化显得尤为重要。传统中式风格在明朝得到很大的发展，在清朝进入鼎盛时期。传统中式风格一般是指明清以来逐步形成的中国传统装饰风格，以传统风格元素为载体，将传统文化的深沉、韵味融入现代家居空间中。传统中式风格的布局设计遵循均衡对称的形式法则；家具的选用与摆放讲究中轴对称、崇尚自然的审美观念；传统家具多选用名贵的硬木材制作而成，最具有代表性的是明式家具。

传统中式风格设计要素如下。

色彩：暖棕色、黑灰色、中国红、黄色系。

家具：以明清风格家具为主，如圈椅、官帽椅、几案类家具、坐墩、博古架、隔扇、架子床等。

装饰品：宫灯、青花瓷、中式屏风、中国结、文房四宝、书画字画、木雕、佛像等。

装饰材料：木材、文化石、青砖、字画、壁纸等。

装饰形状图案：藻井吊顶、垭口、回字纹、冰裂纹、福禄寿字样、牡丹图案、龙凤图案、祥兽图案等。

（一）什么是新中式风格

20 世纪末，随着中国经济的不断发展，国人民族意识逐渐增强，开始从中国文化的角度审视周边的事物，随之室内设计行业的设计师们逐渐将新中式风格融入其设计理念中。中式元素与现代材质的巧妙结合，形成了具有独特韵味的新中式风格。

所谓新中式风格就是体现传统中式家居风格的现代生活理念，通过提取传统家居的精华元素和生活符号进行合理的搭配、布局。在整体家居设计中既有中式家居的传统韵味，又更多地符合了现代人生活居住的特点，让古典与现代完美结合，传统与时尚并存。

（二）新中式风格的特点

1. 新中式风格大多采用中轴对称的空间布局和陈设品布局形式。

2. 根据住宅功能的需要，采用"垭口"或简约化的"博古架"来进行功能区的划分，而在需要阻隔视线的地方，则使用中式屏风或窗棂，这样的分隔方式，延续了传统中式风格的层次之美。

图 2-1 中式风格的家居空间设计案例

（三）新中式风格的设计要素

1.色彩：以苏州园林和京城民宅的黑、白、灰色为基调，在黑、白、灰基础上以皇家住宅的红、黄、蓝、绿等作为局部色彩。一般吊顶颜色浅于地面和墙面。

2.家具：现代家具与古典家具结合，多以线条简练的新中式家具为主。新中式家具讲究线条简单流畅，又融合了精雕细琢的风格，与传统中式家具最大的不同就是它虽有传统元素的神韵，却不一味照搬。

3.装饰品：水墨山水画、花鸟图、瓷器、陶艺、仿古灯、木雕等，都常常出现在新中式家居中，雕刻、图案等元素将简洁与复杂巧妙融合，既透露着浓厚的自然气息又体现出巧夺天工的精细。

4.装饰材料：常用金属条、铜制品、灰镜、硬包、木饰线条、大理石、瓷砖、壁纸等，设计中不采用过多的装饰技巧，强调的是简素美。

5.装饰形状图案：常用直线条、简练的回字纹、冰裂纹、山水花鸟图案等，体现出淡雅的文化气质。

新中式风格并不是基于传统文化的复古装修，而是对传统中式风格与文化的升华。它不是元素的堆砌，是通过对传统文化的理解和提炼，将现代元素与传统元素相结合，以现代人的审美需求来打造富有传统韵味的空间，让传统艺术在当今社会得以体现。

图2-2 新中式风格的家居空间设计案例

二、日式风格

（一）什么是日式风格

日式风格又称"和风"。日本古代文化深受中国古代文化影响，又非常明显地体现着日本民族的思想观念、审美情趣和本土精神。日本人的自然观是亲近自然，把自己看作是自然的一部分，追求人与自然的融合。

（二）日式风格的特点

1. 摒弃繁复的装饰，界面设计常用几何学形状要素以及单纯的线面交错，使空间具有简洁明快的时代感。

2. 讲究空间的流动与分离，流动则为一室，分离则分为几个功能空间。

3. 将自然界的材质大量运用于居室的装修、装饰中，以节制、禅意为境界。

（三）日式风格的设计要素

1. 色彩：色彩上不讲究斑斓美丽，通常以素雅为主，淡雅自然的颜色常被作为空间主色，在配色时通常要表现出自然感，因此，藤、麻等本身自带的色彩在日式风格中体现得较为明显。米色、白色搭配原木色，以及竹、藤、麻和其他天然材料颜色。

2. 家具：传统原木色家具、传统日式茶桌、榻榻米、日式推拉格栅等。

3. 装饰品：和风面料靠垫、日式格栅、日式鲤鱼旗、和风御守、日式招财猫、江户风铃、日式花艺、人物画、山水字画等。

4. 装饰材料：实木地板、杉板、竹制品、墙面漆、墙纸、纸质材料、竹编藤类制品等。

5. 装饰形状图案：直线、格子拉门、几何图案、山水图案等。

图 2-3 日式风格的家居空间设计案例

三、东南亚风格

东南亚国家的地理位置很特殊，地处亚洲东南部，邻近大洋洲，与非洲大陆隔海相望，除了个别国家不临海之外，大多数国家都有着长长的海岸线。

（一）什么是东南亚风格

东南亚风格是将东南亚岛屿特色及文化相结合的一种设计风格。东南亚风格的空间氛围轻盈、慵懒、华丽，色彩搭配斑斓高贵，具有朴拙的禅意和别样的异国风情。

（二）东南亚风格的特点

东南亚是个比较信奉佛教的地方，宗教因素对建筑的装饰风格影响深远，佛像成为家中不可或缺的陈设，保佑平安之余，也别有一番视觉美感，因此形成了东南亚风格独有的神秘感和清雅的氛围，而这种氛围正是东南亚风格的精髓所在。

1. 取材自然是东南亚风格的最大特点。由于地处多雨、富饶的热带，东南亚家具大多就地取材，多选用藤、竹、麻、实木等纯天然的材质，散发着浓烈的自然气息。稳重凝练的实木家具线条粗犷、雕刻精美，突出热带雨林气息。藤器是东南亚家具中极富吸引力而又相对廉价的一种家具类型，以其朴素、优雅的特质深受欢迎。

2. 东南亚风格以大胆的配色著称。由于东南亚地处热带，气候闷热潮湿，为了避免空间的沉闷、压抑，因此常在装饰中用夸张艳丽的色彩冲破视觉沉闷。斑斓的色彩其实就是大自然的色彩，色彩回归自然也是东南亚家居的特色。各种各样色彩艳丽的布艺装饰是东南亚家具最佳搭档。在布艺色调的选用上体现东南亚风情的标志性炫色系列多为深色系，在光线中会变色，沉稳中透着点贵气。其搭配也有一些原则：深色的家具宜搭配色彩鲜艳的装饰，如大红、嫩黄、彩蓝；浅色的家具则可选择浅色或对比色，如米色可以搭配白色或者黑色，一种是温馨，一种是跳跃，搭配的效果同样出众。

3. 在配饰上别具一格。印尼的木雕、泰国的锡器都可以拿来作为重点装饰品，随意摆放也能平添几分神秘气

图 2-4 东南亚风格的家居空间设计案例

质；蒲草、独木舟造型的配饰也是东南亚风格的代表元素；灯具方面以铜制灯具为主。

东南亚风格继承了自然、健康和休闲的特质，大到空间打造，小到细节装饰，都体现了对自然的尊重和对手工艺品的崇尚，既不一味追求奢华也不过分沉溺于暧昧，既与现在提倡的重装饰的装修理念对味，又与现在流行的沉静与热烈并存的风格保持精神上的契合。

（三）东南亚风格的设计要素

1. 色彩：色彩搭配斑斓尊贵，以棕色或咖啡色系为主，橙色、紫色、绿色做点缀。

2. 家具：家具选择木材或其他天然的原材料，摒弃复杂的装饰线条，以简单整洁的设计营造清新舒适的空间，如柚木家具、藤艺家具、水草家具、红木家具、无雕花架子床等。

3. 装饰品：常用泰丝抱枕、大象饰品、烛台、佛手、木雕、布艺、花草植物等。

4. 装饰材料：常用原木、藤条、竹子、石材、青铜、砂岩、壁纸、丝绸质感的布料等。崇尚自然，选用天然材质，如将木材、藤和竹作为室内装饰材料的首选材料。

5. 装饰形状图案：树叶图案、芭蕉叶图案、莲花图案、菩提树图案、佛像图案等。

思考与练习

1. 东方风格都有什么共同点？
2. 传统中式风格和新中式风格的区别是什么？

任务二
欧美浪漫

欧美浪漫风格一般分为：简欧风格、地中海风格、美式风格。

一、简欧风格

古典欧式风格兼具豪华、优雅、和谐、舒适、浪漫的特点，受到越来越多人的喜爱，但是纯正的古典欧式风格适用于大空间，在中等或较小的空间里就容易给人造成一种压抑的感觉，这便有了简约欧式风格，我们称它为简欧风格。简欧风格逐步被大众接受和喜爱，成为了家居空间设计的主要风格之一。

（一）什么是简欧风格

简欧风格用现代简约的手法，通过现代的材料及工艺将古典欧式风格重新演绎，它沿袭了古典欧式风格的主元素，融入了现代的生活元素，营造欧式传承的浪漫、休闲、华丽大气的氛围，抛弃了古典欧式过于复杂的肌理和装饰，增加了现代简约、明了的特性。

（二）简欧风格的特点

简欧风格其实是经过改良的古典欧式风格，欧洲文化丰富的艺术底蕴，开放、创新的设计思路及其尊贵的姿容一直以来颇受众人喜爱与追求。现代简约欧式风格的顶、壁、门窗等装饰线角变化丰富，并融入了比如罗马柱、壁炉、卷草纹，线条优美的哑口和白色木格窗等非常有代表性的欧式元素。一方面保留了材质、色彩的大致传统风格，仍然可以让人很强烈地感受到传统的历史痕迹与深厚的文化底蕴；同时又摒弃了过于复杂的肌理和装饰，简化

图2-5 简欧风格的家居空间设计案例

了线条，表现了实用性和多元化。

（三）简欧风格的设计要素

1. 色彩：多用白色、象牙色、金色、黄色、白色＋暗红色、灰绿色＋深木色、白色＋黑色。其中白色、象牙色、米黄色、淡蓝色是比较常见的主色，以浅色为主深色为辅，搭配方式较多。

2. 家具：常用线条简练的复古家具、曲线家具、真皮沙发、皮革餐椅等。

3. 装饰品：常用铁艺枝形吊灯、欧式工艺品、抽象画、欧式茶具、欧式画框、几何图案地毯等。

4. 装饰材料：常用镜面玻璃、拼花大理石、黄色系石材、花纹壁纸、木地板、护墙板等。

5. 装饰形状图案：波状线条、欧式花纹、装饰线、雕花等较为常见。

二、地中海风格

（一）什么是地中海风格

指欧洲地中海北岸一线，特别是西班牙、葡萄牙、意大利和希腊这些国家南部沿海地区的淳朴民居住宅风格。

（二）地中海风格的特点

地中海风格具有自由奔放、色彩多样明亮的特点，注重表现自然质朴的气息和浪漫飘逸的情怀，"自由、自然、浪漫、休闲"是地中海风格的精髓。

（三）地中海风格的设计要素

1. 色彩：蓝白、土黄及红褐、黄、蓝紫和绿等颜色较为常见。蓝与白的搭配是比较典型的地中海风格的色彩搭配，色彩源于自然，蓝与白如西班牙蔚蓝色的海岸与白色沙滩，又如希腊的白色村庄、沙滩和碧海蓝天连成一片。土黄及红褐的颜色源于北非特有的沙漠、岩石、泥土等天然景观颜色。黄、蓝紫和绿的色彩源于意大利南部的向日葵、法国南部的薰衣草花田，源于那里的金黄色、蓝紫色的花卉与绿叶。

2. 家具：藤制家具、铁艺家具、布艺沙发、做旧的木质家具、白色四柱床等较为常见。家具多为低彩度、线条简单且修边浑圆的木质家具。室内窗帘、桌布、沙发套和灯罩等均以低彩度色调和棉制品为主。独特的铸铁家具和素雅的小细花、条纹、格子图案也是地中海家具的主要特色。

3. 装饰品：拱门、半拱门、马蹄状的门窗、铁艺吊灯、吊扇灯、瓷挂盘、格子布、贝壳装饰、海星装饰、船模、船锚装饰等较为常见。

4. 装饰材料：马赛克、原木、石材、仿古砖、花砖、白水泥、海洋风壁纸、铁艺、贝壳、鹅卵石等较为多见。

5. 装饰形状图案：拱形、条纹、马蹄状、鹅卵石图案、不修边幅的线条等较为多见。

图 2-6 地中海风格的家居空间设计案例

三、美式风格

（一）什么是美式风格

美式风格顾名思义是来自美国的装修和装饰风格。美国是个移民国家，欧洲多国多民族人民来到美洲殖民地，把各民族各地区的装饰装修和家具风格都带到了美国，这也就造就了其自在随意的不拘生活方式，没有太多的修饰与约束。同时由于美国地大物博，极大地满足了移民对大尺寸的欲望，使得美式风格以宽大舒适及杂糅各种风格而著称。

（二）美式风格的特点

当今比较盛行的有美式乡村风格和现代美式风格。

美式乡村风格：体现出浓郁的乡村气息，表现在色彩、家具造型以及美国西部本土特色的装饰中；重视家具和日常用品的实用和坚固；注重家庭成员的相互交流，注重私密空间与开放空间的相互区分。

现代美式风格：摒弃过多繁琐与奢华的设计手法，色彩相对传统，家具选择更具有包容性；家居环境更加简洁、随意、年轻化。

（三）美式风格的设计要素

美式乡村风格和现代美式风格的区别在于家居造型和配色设计。

图2-7 美式乡村风格的家居空间设计案例

设计元素	美式乡村风格	现代美式风格
色彩	土褐色、绿色、米黄色系、深棕色、暗红色系	以白色、深棕色、灰色、米色为主，搭配红色、蓝色、绿色
家具	粗犷的美式木家具、铁艺家具、皮沙发、摇椅、四柱床等	在造型上常为造型简练的现代美式家具
装饰品	铁艺灯、壁炉、拱形垭口、自然风光的油画、花卉图案地毯、金属工艺品、仿古装饰品、野花插花、绿叶盆栽等	枝形吊灯、拱形垭口、金属工艺品、抽象画、几何形图案地毯、绿叶盆栽等
装饰材料	仿古砖、做旧的木地板、果蔬或碎花图案壁纸、铁艺、石材、砖、棉麻布艺、实木等	仿古砖、玻化砖、花纹壁纸、石材、棉麻布艺、金属线条、实木等
装饰形状图案	人字形吊顶、藻井式吊顶、浅浮雕、拱形门窗、花卉图案等	藻井式吊顶、直线条、几何图案、花卉图案等

随着时代发展，现代美式风格备受人们的关注，美式轻奢逐步走进人们的视野中。

思考与练习

1. 欧美风格有哪些主要特征？
2. 怎样通过不同的特征进行室内装饰风格体现？

图2-8 现代美式风格的家居空间设计案例

任务三
自由空间

自由空间设计主要包含以下几种风格：现代风格、北欧风格、工业风格。

一、现代风格

（一）什么是现代风格

现代风格起源于1919年成立的包豪斯学派。现代风格追求时尚与潮流，非常注重居室空间布局与使用功能的完美结合。现代主义也称工人主义，是工业社会的产物。

（二）现代风格的特点

现代风格强调以功能为设计目的：在形式上，提倡非装饰的简单几何造型，反对多余的装饰，讲究精致的细节；在色彩上，注重色彩与材质的个性化运用，空间色彩对比强烈，并充分考虑光与影在空间中的作用。简洁的造型、金属灯罩、玻璃灯、高纯度色彩、线条简洁的家具、精致的软装饰品都是现代风格中常见的运用。

（三）现代风格的设计要素

1．色彩：黑白灰色系、同类色系、对比色系、中性色系。

2．家具：多选用线条简练的板式家具、多功能家具、几何造型家具等。

3．装饰品：常用无框抽象艺术画、金属灯具、玻璃制品、金属工艺品、绿植等。

图 2-9 现代风格的家居空间设计案例

图2-10 北欧风格的家居空间设计案例

4.装饰材料：常用不锈钢、无色系大理石、镜面玻璃、亚克力、钢化玻璃等。

5.装饰形状图案：直线、几何图案、点线面组合等较为多见。

现代设计多采用减法设计纯净的视觉空间，在设计手法上注重空间的处理，追求设计的几何形和秩序感，空间线条简约流畅。

二、北欧风格

（一）什么是北欧风格

北欧风格指欧洲北部国家挪威、瑞典、丹麦、芬兰、冰岛等国传承下来的艺术设计风格。它是随着欧洲现代主义运动发展起来的，属于功能主义的范畴。北欧风格融合了北欧地区的文化特征，并结合了自然环境和设计资源，形成了具有人情味的设计艺术语言。

（二）北欧风格的特点

北欧风格注重人与自然、社会、环境的有机结合，对手工艺传统和天然材料有很大的尊重与偏爱。家居风格很大程度体现在家具的设计上，注重功能、简化设计、线条简练，多用明快的中性色。

（三）北欧风格的设计要素

1.色彩：以浅色为主，如白色、米色、浅木色加点缀色等；黑白色与原木搭配；多色彩搭配，建议色系不要超过三种。多色彩的搭配与北欧的地理位置有关，北欧地区由于地处北极圈附近，气候非常寒冷，有些地方还会出现长达半年之久的极夜，因此北欧人在家居色彩的选择上经常会使用一些鲜艳的纯色来避免单调，而且面积较大。

2.家具：板式家具、布艺沙发、多功能家具、松木家具等较为多见。

3.装饰品：多选用抽象艺术画、无框画、金属灯具、玻璃制品、棉麻地毯等作为室内的装饰品。

4.装饰材料：木、藤、纱麻布品、石材、原木、玻璃和铁艺等使用较多。

图2-11 工业风格的家居空间设计案例

5.装饰形状图案：直线、抽象几何形图案、方形、弧形、点线面。

三、工业风格

（一）什么是工业风格

工业风格起源于19世纪末的欧洲，在美国发扬光大，广泛应用于酒吧、工作室、LOFT住宅装修中。

（二）工业风格的特点

1.工业风格从发源地欧洲蔓延到全球，粗糙、狂野、奔放，充满个性。

2.工业风格通常以铁艺、皮质家具暴露为管线等为显著特点，已逐渐成为一种时尚。

（三）工业风格的设计要素

1.色彩：以黑、白、灰为主色，搭配原木色、鲜艳色彩点缀等。

2.家具：金属家具、木质家具、皮质家具、做旧家具等。

3.装饰品：金属制品是工业风格的首选，铁艺吊灯、铁艺饰品、废旧的金属部件、金属吊扇灯、复古灯、抽象装饰画等较为多见。

4.装饰材料：砖墙、水泥墙、水泥地面、裸露管线、原木、水管、皮质品等较为多见。

5.装饰形状图案：较多选用几何图案、直线、齿轮图案等。

思考与练习

1.新中式风格和现代风格有什么相似之处及区别？日式风格和北欧风格有什么相似之处及区别？

2.目前哪几种典型的居住空间室内设计风格最为流行？

模块三

基于实务的家居空间设计与实训

任务一 客户洽谈

任务二 现场勘测

任务三 初步设计

任务四 方案确定

任务五 深化设计

任务六 设计实施

JIAJU KONGJIAN SHEJI

家居空间设计

学习要点：

（1）了解家居空间设计项目流程。

（2）掌握家居空间设计项目实施过程的内容要点。

任务一
客户洽谈

一、下达任务

（一）任务目标

（1）能有礼貌地接待客户；

（2）能回答客户提出的装修专业问题；

（3）能充分了解客户的装修意向。

（二）任务要求

（1）识别户型平面图；

（2）洽谈时应全面了解客户准备装修的房子的基本情况，确定房子将来的使用情况（如：常住、投资、度假等）、设计风格、主要材料，做好登记，安排好量房时间；

（3）了解居室空间类型、空间的组合关系和户型特点。

（三）实训课题

学生以小组为单位组建工作室，寻找年龄在 30 ～ 35 岁的志愿者，运用客户洽谈单技巧获取需求信息并记录。

二、任务实施

设计师与客户沟通，掌握相关家庭资料及客户的要求，包括家庭成员数量、年龄、性别、个人爱好、生活习惯及身高、所喜好的颜色等。还要了解客户准备选择的家具的样式、大小，准备添置设备的品牌、型号、规格和颜色，拟留用的原有家具的尺寸、材料、款式、颜色。另外，根据客户生活习惯及喜好需求，拟定插座、开关、电视机、音响等摆放的位置。（图 3-1）

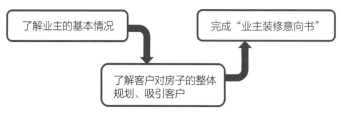

图 3-1 客户洽谈任务实施流程

（一）客户洽谈主要内容（图3-2）

1. 与客户洽谈，了解客户信息

住宅是为客户设计的，客户是最基本的分析要素，也是评判设计的最终评委，所以要通过客户调查，尽可能地了解客户信息，从而满足客户所想。要详细了解客户的年龄、性别、身材特点、性格特点；色彩、风格、样式爱好；生活方式、文化层次、就职行业、背景身份、生活经历、时尚程度；还需要调查客户家庭成员的相关情况。

2. 功能目标

同一家庭不同成员对家庭室内设计的需求不同，作为设计师，要了解每个家庭成员的爱好及特点，综合考虑确定设计的功能目标。

3. 设计需求

供水、强弱电、供气、照明采光、设备要求，温度调节、安全保卫系统，特别是容易忽视却关系重大的电力系统、供水、排污、安全保卫系统，是设计师特别需要重视的。

4. 空间需求

根据"业主装修意向书"的内容，详细分析客户及家庭成员的生活需求，并将生活需求与开展这些活动的场所即空间需求对应起来，并绘制泡泡图。（图3-3）

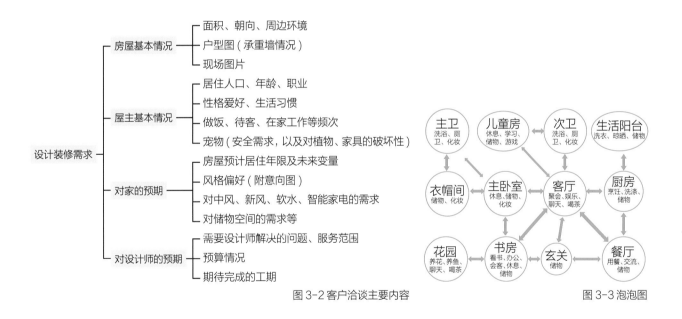

图3-2 客户洽谈主要内容　　　　　　　　　　　　　　　　　　　　图3-3 泡泡图

5. 方位朝向

考虑朝向是指根据日照、地形、风向和视野为各个房间选择最佳的方位。对主卧室和客厅尽可能地考虑南向，这样更符合人的生理和心理需求。家庭住宅的位置也是设计需要考虑的因素，因为这可能直接影响居住者的心情，例如面对公园与面对城市主干道会给居住者带来截然不同的心情。

6. 建筑结构状况

建筑结构往往会限制设计的自由度，如窗户位置、承重墙、剪力墙等，这些都是不可改动的部分，有时候一根梁会让设计师头痛万分，这关系到建筑的安全问题，是无法改动的。充分了解和利用建筑结构，是设计的基础。

7. 成本估算

成本对空间设计至关重要，所以一个"不计成本"的设计并不是褒义的。要控制造价，尽量符合用户要求，在造价合理的基础上追求材料的档次。

根据以上内容完成"业主装修意向书"。（表3-1）

表3-1 业主装修意向书

客户姓名			联系电话			
项目地址			小区　栋　单元　层　号			
户型	室　厅　卫		户型面积（m²）			
房屋结构			楼层			
居室种类	平层（　）　　复式（　）　　别墅（　）　　其他（　）					
预计装修时间			装修预算费用			
个性记录						
客户年龄	20～25（　）　　25～35（　）　　36～45（　）　　45以上（　）					
职业			爱好			
空间分配	家庭成员空间（间）	主人房	儿童房	老人房	客房	保姆房
	卧室					
	卫浴间					
生活习惯	交际	□喜欢独处　□交际广泛　□家中偶有交际活动				
	爱好					
	工作	□上班　□自由职业				
	作息	□早睡早起　□晚睡晚起　□正常作息				
饮食习惯	主要烹调方式	□中餐　□西餐　□两种兼有				
	用餐习惯	□在家用餐　□在外用餐　□两者兼有　□经常在家请客				
洗浴习惯	方式	□淋浴　□浴缸　□两者兼有　□其他				
	使用情况					
其他	客房的使用	□频繁（每周使用一天）　□经常（每月使用一天）　□偶尔				
	书房的使用	□纯为办公　□兼休闲　□兼客房　□休闲为主　□其他				
	书籍数量	□很多　□较多　□一般　□较少　□很少				
	衣物数量	□很多　□较多　□一般　□较少　□很少				

（二）客户洽谈技巧

家装设计师接待客户的过程，从某种程度上说是一种推销自己的过程。在没有与客户建立信任之前，设计师的家装设计能力、知识技能、操作水平、经验都处于向客户推销状态，所以，首先要推销设计师自己。

你是否积极、认真、自信，你是否具备经验和能力，你是否可以成为他信任的设计师，你的穿着、言谈、一举一动无不影响着你的客户。当你和一位客户第一次进行面对面沟通时，他对你并不信任。你在沟通和交流中的诚实、坦率、亲和力和专业自信心，将一步一步树立起你在客户心目中的良好形象，直到他开始喜欢你、信任你，并愿意接受你传达的理念和专业观点。

设计师和客户建立信任之后，只有了解客户的家装需求，特别是客户的真实需求，才能设计出客户满意的设计方案。

谈单过程中不要像开说明会，只顾自己说得痛快，你说得越多可能漏洞就越多，多通过提问了解客户的想法，这样才能更快达成一致。

1．提问的正确方式

（1）引导式：您比较喜欢欧式风格，对吗？看来您更喜欢中性色彩，对吗？

（2）选择式：您准备这周签单还是下周？在欧式风格中您喜欢传统欧式风格还是简约欧式风格？

（3）参与式：您看这样行吗？您看还有哪些需要我补充的？

（4）激将式：难道您想您的房子千篇一律而没有个性吗？如果选择的标准只是谁的价格更低的话，我没有意见，但我相信您更在乎的是品质，不是吗？

2．提问的注意事项

（1）尽可能问一些轻松、愉快，同时是客户感兴趣的问题，找到共同点。

（2）尽量问一些答案更可能为是"是"的问题。

（3）尽可能问事先你已经想好了答案的问题，这样才能更主动地把握整个谈单的过程。

（4）问一些客户不抗拒的问题。

（5）问客户需求方面的问题，了解对方价值观，以便更准确地为设计定位。

（6）谈到关键时刻时不要忘记谈签单的问题，成交要靠推动，你不"推"客户就不会"动"。

客户洽谈的注意事项：

1．在前期与客户洽谈的过程中，要充分结合其本身需求，根据客户的自我定位给出大体装修风格、方向等参考。

2．可以提供一些参考图片，通过对图片的喜好判断客户喜欢的风格、颜色等。

三、评价标准

评价按照项目分别考核，课程考核成绩是项目考核成绩的累积，项目考核采用技能考核与项目设计相结合的形式。（表3-2）

表3-2　客户洽谈任务评价标准

序号	评价项目	评价内容	评价标准	分值	得分
1	基本能力	交流表达	1.有礼貌地接待客户； 2.有理有据地回答客户提出的问题； 3.充分了解客户的装修意图。	30	
		调查情况	1."业主装修意向书"完成情况； 2.业主情况分析。	40	
2	基本素质	学习态度	1.按照进程完成项目； 2.获取信息和新知识的能力； 3.学习态度、出勤情况。	20	
		合作情况	小组协作具有较强的团队协作精神。	10	
3	合计得分				

任务二
现场勘测

一、下达任务

（一）任务目标

（1）完成项目所涉及施工范围的空间测量；

（2）现场完成平面图的绘制并进行测量数据记录；

（3）具备认真细致的工作作风。

（二）任务要求

对室内空间的长、宽、高进行测量，测量前要快速绘制现场平面图，对特殊建筑结构的变化进行文字说明或标注详图，为设计图提供准确的尺寸依据。

（三）实训课题

（1）熟悉测量工具的使用。

（2）针对实际家居设计工程项目的毛坯房进行实地测量，绘制并记录房屋墙体、梁柱、门窗、层高、给排水管道等必要信息，并记录测量数据。

二、任务实施

现场勘测任务实施流程如图 3-4 所示。

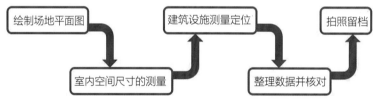

图 3-4 现场勘测任务实施流程

（一）室内空间测量的概念

室内空间测量俗称量度，是装修的第二步，这个环节是必须和非常重要的。它是设计师对拟装修的居室进行现场勘测与记录，并进行综合考察的重要过程。

（二）量房的作用

在装修设计前只有对房屋每个空间的尺寸都了如指掌，才能更好地进行平面设计、预算编制等工作。量房的具体作用体现在以下几个方面：

1．直观地了解客户需求。业主通常对房屋都有一套自己的想法，或清晰、或凌乱。在现场测量时业主会与设计师沟通这些想法是否可行。这个过程有利于设计师把握客户需求，增进彼此的了解。

2．判断房屋格局利弊情况。通过现场量房，可以观察房屋的位置、朝向，以及周围的环境状况，如采光如何、通风如何、景观如何等，这些因素将会直接影响房屋后期设计。如果遇到一些房屋格局或外部环境不好的情况，就需要通过设计来弥补。

3．奠定后期设计基础。通过量房准确地了解房屋内各空间的长、宽、高及梁、柱、门窗、上下水、强弱电箱等的位置，才能做出准确的设计，避免后期施工阶段因为尺寸数据不对而无法实现设计效果，导致对设计进行更改。

（三）现场测量项目的内容

现场测量项目的内容见表 3-3。

表 3-3　现场测量项目的内容

序号	测量项目	具体内容
1	建筑结构	建筑结构平面尺寸，以户内（含阳台）结构平面尺寸为主。
2	墙体	墙体的长、高、厚。其中，墙体的高应对每个房间量两个部位的尺寸后取平均值，对跃式和复式户型住宅结构需要测量其不同楼层的高度。
3	梁柱	梁、柱的高、宽、厚。
4	楼梯	楼梯的踏步、平台、扶手等的数量和尺寸。
5	门洞	各门洞的高、宽、厚。
6	窗户	窗户的高、宽、厚及窗台距地面的高度。
7	电路	配电箱、对讲可视系统插座的位置等。
8	水路	室内供水总管和阀门及水表的位置；下水管、排污口的位置等。
9	气路	室内供气管和阀门、气表的位置。
10	空调	空调预留的位置。
11	其他	如果被测量点位于地面或墙面的某一位置，那么需要标明与相邻的墙或地的距离，以便在图纸上确定该位置的坐标。

（四）量房的技巧

1. 量房前的准备

（1）量房工具。常用的量房工具有卷尺、测距仪、绘图本、三种及以上颜色中性笔、相机，其中卷尺应选择材质硬度较高，长度在 5m 以上的。卷尺、测距仪如图 3-5 所示。

（2）房屋图纸。有条件的情况下一般携带房屋户型图进行量房。

（3）了解所在物业对房屋装修的规定。量房前一定要了解房屋所在小区物业对房屋装修的相关规定，如在排水改造方面的具体要求，阳台窗能否封闭，飘窗能否拆改等，以避免麻烦。

2. 绘制场地平面图

（1）到达现场后在室内先走一圈，熟悉空间的结构，目测空间的大小，对户型有整体的把握，做到心中有数。

（2）在纸上把要测量的室内空间用黑色笔徒手画出一张平面草图，可由入户门开始按房间的顺序依次连续画出大概的平面图形（可单线、可双线），长宽比例相对正确，要体现出房间与房间之间的前后、左右连接方式，标注出门、梁、窗、柱的位置以及下水管道、排烟管道等附属设施的位置。注意要把整个室内空间画在同一张纸上，不要一个房间画一张。（图 3-6）

图 3-5 卷尺、测距仪

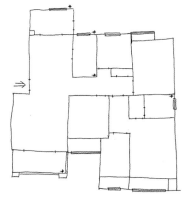

图 3-6 手绘平面草图

3. 室内空间尺寸的测量

（1）用卷尺或激光测距仪现场测量出房间的长宽和高度（长宽要紧贴地面测量，高度要紧贴墙体的拐角处测量）。对每个房间沿顺时针或逆时针方向一段一段度量下来，量一次马上用蓝色的笔将尺寸标注在相应的位置。（图3-7）

（2）测量门本身的宽、高、厚，再测量这个门与所属墙体的左、右间隔尺寸，测量门与天花板的间隔尺寸。（图3-8）

（3）测量窗本身的宽、高、厚，再测量这个窗与所属墙体的左、右间隔尺寸，测量窗与天花板的间隔尺寸。

（4）按照门窗的测量方式记录水路、电路、气路的尺寸（对厨房、卫生间要特别注意），再将度量后的原有的电、水、气路配套设施位置的尺寸用红色笔标注在图纸上。

（5）要注意每个房间天花板上的横梁尺寸及固定的位置，用红色的笔标注。

（6）如果是多层住宅，为了避免漏洞，测量时应在一层测量完后再测量另外一层，而且房间的顺序要从左到右。

（7）有特殊之处用不同颜色的笔标示清楚。

（8）在全部测量完后，再全面检查一遍，以确保测量的准确和精细。在测量过程中，尽量用制图符号取代不规范的图示或文字记录，使现场勘测记录图样通识性强，图面清晰整洁。（图3-9）

4. 建筑设施测量定位

在此过程中需了解总电表的容量、进户水管的位置、进户后水管的规格、下水管的位置和坐便器的坑位。（图3-10）

图3-7 房间长、宽、高的测量　　　　　　　　　　图3-8 门洞的测量

图3-9 现场测量　　　　　　　　　　图3-10 电、水、气相关设施记录

5．整理数据并核对

整理数据并对标注得不清楚的数据进行核对，减少误差。（图 3-11）

6．拍照留档

为了对整个空间有更好的把握，最好在量房时能拍照留档，以保证后期设计的准确性。（图 3-12）

现场勘测过程中的注意事项：

（1）不能忽略的其他信息

①标明混凝土墙、柱和非承重墙的位置、尺寸。

②记录现场墙的工程误差（如墙体不垂直，墙角不成直角等）。

③标注门窗的开合方式、边框结构及所用材料，同时还要记录采光、通风及户外景观的情况。

④有些交叉部位无法在同一位置标示清楚，可在旁边加注大样草图，或用数码照片加以说明。

⑤要有方向坐标指示，外加简约的文字说明。

（2）仔细查看房屋的其他特点

①看墙壁。查看是否有渗水、裂纹现象。

②验水电。查看进户水电的类型、位置及其容量。

③验防水。查看厨卫的防水情况（重点为管道与楼板的接触处）。

④验管道。查看排水、排污管道（顺畅与否，是否有防臭弯头）。

⑤验地面平整度。用激光扫平仪查看地面平整度是否超标 3cm 以上。

⑥验层高。顺阴角量或用灯光验证层高（灯光主要验证平整度）。

⑦验门窗。检查门窗的密封性（密封胶条密实度、在大风雨天的密封性）。

（3）特别提示

①现场测量图原稿应始终保留在项目文件中，以备查验，不得遗失或损毁。

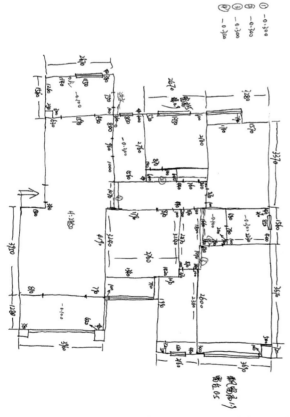

图 3-11 数据的现场测量记录与整理核对

图 3-12 核对数据、拍照留档

②一般家装合同上都有这一条款："由于量房尺寸不准或遗漏造成的不合理的增项金额超过预算的百分之十五,量房人将承担超出部分的赔偿责任。"从这个角度讲,量房必须达到准确、精细、严谨的标准。

三、评价标准

评价按照项目分别考核,课程考核成绩是项目考核成绩的累积,项目考核采用技能考核与项目设计相结合的形式。现场勘测任务评价标准见表3-4。

表3-4 现场勘测任务评价标准

序号	评价项目	评价内容	评价标准	分值	得分
1	基本能力	图纸绘制	1.能画出大概的房屋平面图形; 2.长宽比例相对正确; 3.各空间关系正确。	15	
		现场测量	1.正确使用各类型测量工具; 2.测量尺寸误差小、无漏项; 3.强弱电、给排水等设施定位正确。	35	
		整理数据	图纸尺寸标准清楚、正确。	20	
2	基本素质	学习态度	1.按照进程完成项目; 2.获取信息和新知识的能力; 3.学习态度、出勤情况。	20	
		合作情况	小组协作具有较强的团队协作精神。	10	
3	合计得分				

任务三
初步设计

一、下达任务

(一)任务目标
(1)能用 CAD 软件规范地绘制出详细的原始数据图;
(2)能够分析户型的优缺点,根据户型结构的优点提出优化方案,根据户型结构的缺点提出解决方案;
(3)能够完成居室整体布局的合理方案设计。

(二)任务要求
(1)掌握空间规划的基本方法和原则;
(2)学习将客户需求精准转化为设计概念的分析方法和思考方式。

(三)实训课题
(1)根据现场测量的数据绘制出原始结构图;
(2)结合现场勘测的具体情况和客户的基本信息,进行概念的捕捉、解构与重组,完成初步方案设计(概念设计)。

二、任务实施

初步设计任务实施流程如图 3-13 所示。

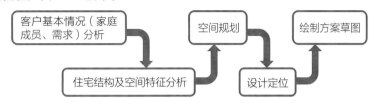

图 3-13 初步设计任务实施流程

（一）家庭成员分析

表 3-5 家庭成员分析

家庭成员	成长背景	示意图
男主人	38 岁，企业高管，从事建筑行业；喜欢阅读、打网球，处事认真、严谨。	
女主人	35 岁，婚后主要协助丈夫的事业，以照顾家庭为主；喜欢音乐、阅读，魅力自信，追求细腻温馨的生活氛围。	
儿子	5 岁，个性活泼，喜欢篮球，有一个航天梦想。	

（二）需求分析

通过与客户的交流，从客户处收集大量的信息并进行有序归纳与分类，对整理出的需求进行相应的分析，从而形成有针对性的应对方案，并最终指导后续设计。本案例先罗列已归纳的需求，然后一一分析，完成应对方案。

（1）要一个大鞋柜，并需要一个衣帽柜

方便进出门时外套的脱放和公文包的拿放等。这反映出客户有一定的生活经验，且十分注重实用性。因此，后续设计要着重关注日常生活中容易被忽略的细节。

（2）次卫做干湿分区，盥洗区为分离式

分离式卫生间能更高地提高卫生间的使用效率，干湿分离能有效地阻隔细菌的滋生，让卫生间保持干爽。

（3）厨房操作台面大，做饭时能与家人交流

带中岛的开放式厨房的设计，既能有效增加操作台面，让活动动线变得更流畅；又能让人在做家务时与家人交流，使家务变得轻松愉快。

（4）主卧室具有较强储物功能的衣帽间

这反映出客户非常注重形象，因此在后续柜体设计中应考虑精准收纳之需求。

（三）住宅结构及空间特征分析

根据客户提供的图纸及实地测量的数据进行原始结构图（图3-14）的绘制，要求尺寸精确、制图标准。要以原始结构图为基础，结合已归纳、分析的客户需求，对有利条件和不利条件进行分析。（图3-15）

（四）空间规划及环境

在保持空间特点的情况下进行平面布局图绘制。平面布局图是施工图纸中的纲领性图纸，后续其他施工图均需要在此基础上深化与开展，主要通过空间布局关系规划功能区域，引导人流动向，进行通风设计、光线设计、视线设计。具体绘制过程如下：

（1）绘制功能气泡图。在原始结构图中绘制出若干气泡，以代表玄关、客厅、餐厅、卧室、卫生间等不同的功能空间。这些气泡能通过简洁、直观的形式帮助设计师更好地关注宏观的空间关系，避免在规划初期受到琐碎事务的干扰。需要注意的是，气泡和气泡之间应当尽量不留缝隙，以保障后续细化时空间思考的完整度。（图3-16）

（2）绘制流通线。使用虚线绘制出气泡间的流通线，流通线代表了区域与区域之间的进出通道，该通道的形成，在一定程度上确定了每个区域的基本空间形式，为进一步细化功能格局提供了条件。（图3-17）

（3）细化功能区。根据已确立的空间形式进行具体功能上的细化，一方面要满足客户的需求，另一方面要实现空间美观。（图3-18）

（五）设计定位

设计定位要完成两个方面的任务，一个是设计主题的定位，另一个是设计风格的定位。

设计主题来源于客户审美需求，设计师通过把握其中的审美元素，广泛收集相关素材，深度挖掘元素特征，最终将其高度概念化，从而形成以文字为表征的元素集合体，具体设计时只需选用合适的元素进行加工即可。

设计风格同样来源于客户的审美需求，它是客户对未来生活方式的一种向往，一般来说，使用参考图即可快速得出结论。需要注意的是，快速的前提是有相当丰富的各种风格的图库以供甄别使用。

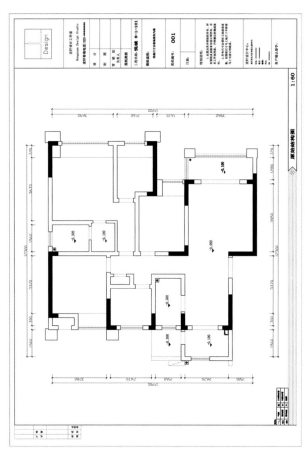

图3-14 原始结构图

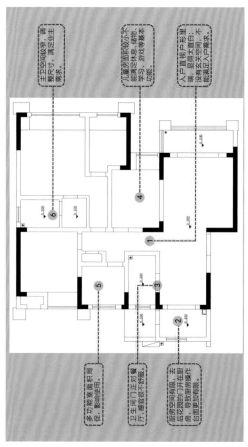

图3-15 空间分析

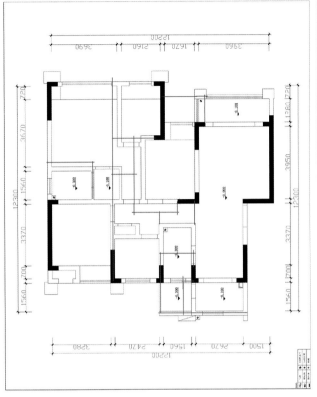

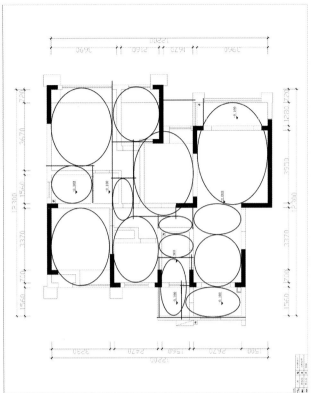

图 3-16 功能气泡图

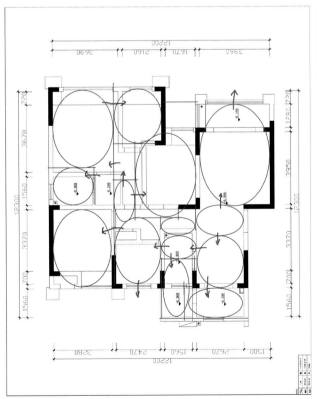

图 3-17 流通线

图 3-18 细化功能区

在本案例中，设计主题来源于客户的审美需求。通过对精致、优雅等形容词的挖掘分析，得到咖啡、书籍、音乐会、钻石等具象载体（图 3-19），结合客户对生活化的向往与对舒适居住目标的追求，将本案设计主题定义为精致优雅，以创造既品位低调又轻松浪漫、既华丽内敛又生活朴素的空间氛围。通过前期交流与参考图甄别，将本案设计风格定义为法式轻奢风格，其主题元素的展开均以该风格为落脚点。

（六）绘制方案草图

运用创造性思维进行构思，从大处着手，对总体与细部深入推敲，逐步展开，反复琢磨，寻找设计的突破口。通过功能的分析及与客户多次沟通，确定最为科学、合理且适合客户生活需求的平面功能布置后，便可开始室内空间创意设计。

（1）平面布局图的绘制。平面布局图应采用 Auto CAD 软件将手绘图纸进行转换。（图 3-20、图 3-21）

（2）设计意向。意向图将不同空间事物图片进行拼合，形成对目标空间的基本印象。在制作时，一是要注意图片与图片之间的主次关系，主要物体大，次要物体小，以免喧宾夺主；二是要与平面规划一致，除出现的空间界面需符合当前平面规划外，使用的家具类型、款式、功能、数量等也应相符，以维持空间的整体性。（图 3-22 至图 3-26）

图 3-19 设计主题的具象载体

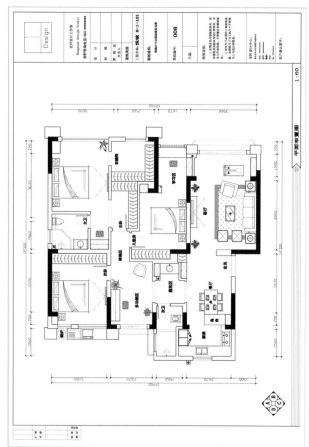

图 3-20 平面布局图

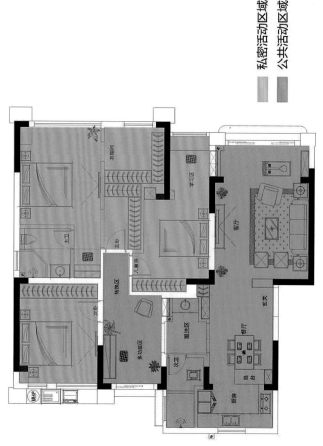

图 3-21 公共区域私密区域分析

图 3-22 客厅意向图

图 3-23 厨房意向图

图 3-24 卫生间意向图

图 3-25 主卧意向图 　　　　　　　　　　　　　图 3-26 儿童房意向图

初步设计的注意事项：

（1）结合现场勘测的具体情况和客户的基本信息，仔细推敲方案的具体实施细节；反复与客户沟通，明确一些修改意见、细节想法。

（2）初步设计图纸不应复杂，而应注重整体空间体验，完成大致功能布局、交通流线、视觉导向等主要节点，细节部分在之后的深化步骤中完成。空间规划时应先持发散性思维，给出一个相同空间的不同可能性，尽量勾勒出两到三种方案。接下来，在初步绘制的草图中特别注意以下几点：

①每个方案的功能布局有何优缺点？（可从采光情况、通风情况、噪声屏蔽等方面考量）

②哪个方案的交通流线更加便捷？（可从哪种更加节省时间、哪种能更加高效工作等方面考量）

③空间的综合体验如何？

④该方案如何高效实现？工程造价是否处于可接受范围？

三、评价标准

评价按照项目分别考核，课程考核成绩是项目考核成绩的累积，项目考核采用技能考核与项目设计相结合的形式。（表3-6）

表3-6　初步设计任务评价标准

序号	评价项目	评价内容	评价标准	分值	得分
1	基本能力	设计定位	1.概念方案直观、真实，空间整体性好； 2.方案元素可采购性强、可实施度高。	20	
		平面布局	1.平面布局合理，分区明确； 2.动静分区设置合理； 3.家居生活动线符合要求； 4.空间利用率高。	35	
		设计特色	提升户型环境，突出户型特征，发挥户型优势。	15	
2	基本素质	学习态度	1.按照进程完成项目； 2.获取信息和新知识的能力； 3.学习态度、出勤情况。	20	
		合作情况	小组具有较强的团队协作精神。	10	
3	合计得分				

任务四
方案确定

一、下达任务

（一）任务目标
（1）完成家居空间的家具及设施的合理布置；
（2）完成家居空间的墙面、顶棚、地面的装饰造型设计；
（3）完成家居空间的照明设计。

（二）任务要求
（1）确定家居空间中墙面、顶棚、地面装修的造型设计样式及工程做法；
（2）装修材料的识别及应用；
（3）照明灯具的识别及应用；
（4）确定家居空间常用家具的类型及尺寸。

（三）实训课题
（1）完成方案确定阶段的图纸绘制；
（2）能制作效果良好的PPT演示文件；
（3）能清晰、准确地陈述自己的设计方案，富有亲和力和感染力，语言表达能做到让人信服。

二、任务实施

方案确定阶段任务实施流程如图 3-27 所示。

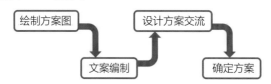

图 3-27 方案确定任务实施流程

（一）绘制方案图

方案确定阶段要从两到三个备选方案中挑选出最优方案，这个步骤是不可或缺的。确定方案是设计的基本阶段，这个阶段的设计是对空间提出具体的造型方案，是对原来初步设计阶段的深入。这个阶段除了依据初步设计阶段的成果继续深化设计外，还必须对初步设计阶段的意见提出解决方案。要先绘制出方案图（如图 3-28 至图 3-29 所示）再制作效果图（如 3-30 至图 3-45 所示）。

（二）文案编制

一个优秀的文案是对现有设计方案的"锦上添花"，通过文案体现的设计理念可以用来表达设计方案图中无法表述的内容，因此，设计师常常将设计方案图与文案配合，形成完整的设计成果用于汇报。

文案对空间各处的设计进行具体描述，这对客户理解设计师的设计思路有极大的好处，所以描述也必须切题、精准。对空间进行描述的文案要"一针见血""直击要害"，并以此作为沟通桥梁，把握客户需求，能达到甚至超越"心理期待值"是方案确定阶段的最好结果。所以设计师需要通过工作累积足够的经验，与客户之间建立默契的桥梁，以便让双方对抽象的文字叙述与设计的真实性结果形成一致性的认知。

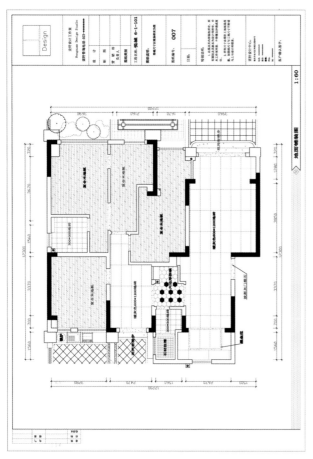

图 3-28 地面铺装图　　　　　　　　　　　　　　　图 3-29 天棚布置图

图 3-30 俯视效果图

图 3-31 客厅电视墙效果图

图 3-32 客厅沙发背景墙效果图

图 3-33 餐厅效果图 1

图 3-34 餐厅效果图 2

图 3-35 转换区效果图   图 3-36 盥洗区效果图

图 3-37 多功能区效果图 1   图 3-38 多功能区效果图 2

图 3-39 主卧效果图 1

图 3-40 主卧效果图 2

图 3-41 主卧效果图 3

图 3-42 次卧效果图 1

图 3-43 次卧效果图 2

图 3-44 儿童房效果图 1   3-45 儿童房效果图 2

家，是生活与人情感的连接点，强悍且温柔地支撑我们，构筑起坚强的堡垒，来对抗世界的纷扰。人们为了逃离都市的繁杂，躲进属于自己的温馨避风港，室内每一处的雕花赏心悦目，每一种颜色搭配都能体现无以复加的温柔。

现代法式风格之所以受到年轻人的追捧，是因为其常常折射出人们对生活的向往，浪漫而不失精致，柔和而不失情调，所蕴含的法式仪式感生活，推开门就能感受到家的温柔，让人忘却室外的嘈杂。

法式风格加高级奶油粉搭配出轻奢精致小资情调，墙面、顶面造型主要运用石膏线造型来呈现，再加上色彩与家具的点缀，极致地体现了法式风情的浪漫。金色金属的点缀为空间注入了轻奢的典雅氛围。

（三）客户交流和方案优化

在与客户的反复沟通过程中，设计师会对平面图进行多次修改调整。经过设计师和客户的多次对比和选择，最终确定一个双方都认可的方案。

谈单过程是否顺畅直接决定这个方案能否通过，把握好谈单的过程尤为重要。

（1）要营造一种轻松、愉快、欢畅的气氛与环境，客户最不能接受的是"花钱买气受"，所以语调一定要是热情的、真诚的。

（2）努力寻找共识，包括客户对风格的偏好、对材料的选择、对色彩和色调的偏好以及对整个空间的功能安排等，同时对达成共识的部分做好记录。

（3）一定要有图纸，设计是一种视觉艺术，要通过视觉语言来表达，离开图纸一切都会变得抽象。

（4）家居空间室内设计有时是很主观的，所以，在设计思路上出现分歧是难免的。当客户对你的设计不认可时，一定不要情绪化。如果你和客户的观点分歧不容易调和，最好不要急于争论，有时越辩越僵，要学会多倾听、少辩解，把分歧观点暂时放置，有时"求同存异"能更好地解决问题。

（5）避免对一个问题反复讨论，不然客户会觉得你优柔寡断、不坚定。

（6）把握好时间节奏，交流的时间不宜过长，也不要太短。时间过长的话，顾客的注意力在后面阶段不容易集中，这样谈单的效率就会很低，时间太短问题又交代不清楚。

（7）谈单的过程中一定不要被其他工作打扰，切忌把客户"晾"在一边。

方案确定阶段的注意事项：

介绍要重点突出，切忌面面俱到；一定要有自己的特点，这样才能取胜；表述要言简意赅、声情并茂。

三、评价标准

评价按照项目分别考核，课程考核成绩是项目考核成绩的累积，项目考核采用技能考核与项目设计相结合的形式。（表3-7）

表3-7　方案确定任务评价标准

序号	评价项目	评价内容	评价标准	分值	得分
1	基本能力	方案设计	1.绘制功能完整的平面布置图及天棚布置图、地面铺装图、效果图； 2.家具布置合理，尺度符合要求； 3.照明设计合理。	30	
		效果制作	效果制作符合整体概念方案定位。	30	
		方案汇报	1.条理清晰； 2.重点突出。	10	
2	基本素质	学习态度	1.按照进程完成项目； 2.获取信息和新知识的能力； 3.学习态度、出勤情况。	20	
		合作情况	小组协作具有较强的团队协作精神。	10	
3			合计得分		

任务五
深化设计

一、下达任务

（一）任务目标
（1）完成项目所涉及的各种图纸的绘制；
（2）完成装饰材料的选择、陈设品意向图的绘制及物料板的制作；
（3）整理所有的设计资料、图纸、设计说明，然后排版，完成方案汇报；
（4）编制施工说明和造价预算。

（二）任务要求
（1）深化设计方案，能够运用多媒体全面表达设计意图，重点完成施工所必需的平面布置图、室内立面图等图纸，并绘制构造节点详图、细部大样图、设备管线图；
（2）能够独立编制系统的设计文件，熟悉装饰材料的名称、规格、性能，编制工程材料清单和工程预算表；
（3）能够完成施工图的绘制与审核，并编制施工说明和造价预算。

（三）实训课题
（1）到建材市场了解装饰材料，图文并茂地制作家居方案材料表。
（2）掌握不同装饰材料的使用和施工特点。
（3）根据所给资金进行家居装饰工程预算控制。

二、任务实施

深化设计阶段任务实施流程如图 3-46 所示。

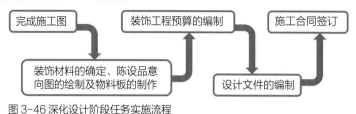

图 3-46 深化设计阶段任务实施流程

（一）完成施工图

施工图绘制规范

1. 图幅与图框

（1）图幅大小

室内设计工程图纸幅面尺寸有明确规定，其中基本尺寸有 5 种，代号分别为 A0、A1、A2、A3、A4，其幅面尺寸分别为 1189mm×841mm、841mm×594mm、594mm×420mm、420mm×297mm、297mm×210mm。遇到特殊情况图纸需要加长时，必须按规定加长，A0 按 1/8 的整数倍加长，A1 和 A2 按 1/4 的整数倍加长，A3 则按 1/2 倍数加长，A4 的图纸一般不加长。

（2）图框

每一套方案确定出图幅大小后，一般全套图纸统一使用同一规格的图幅，这样方便管理与查询。幅面的布置分横式和立式两种，一般出图图纸宜为横式，特殊情况也可以采用立式。另外，除目录和表格外，一个工程项目所用图纸不宜多于两种幅面尺寸。

每张图纸都设有标题栏。其位置在图框右边或下边，位于图纸右边的标题栏宽度为 40mm~70mm，位于图纸下面的标题栏高度为 30mm~50mm。栏内应分区注明工程名称、设计单位、各项目负责人和图号等，以方便图纸的查询和明确技术责任。（图 3-47）

家居空间室内设计图尺寸大多比较方正，多数公司是将标题栏放在图纸的右边，这样图纸会更美观。

2. 比例

室内设计工程图纸图示的内容不可能按照实际大小绘制，它是按一定的比例关系或缩小或放大绘制。比例实际上就是图形与实物相对应的长度尺寸之比。如 1:50，表示图形上任意一段长度相当于实物相对应部分长度的 1/50。比例可根据实际情况选取。

常用比例：1:1、1:2、1:5、1:10、1:20、1:30、1:50、1:100、1:150、1:200、1:500、1:1000、1:2000。

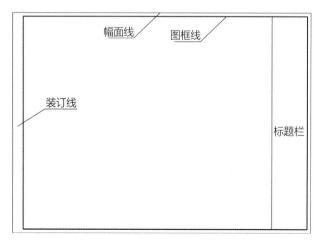
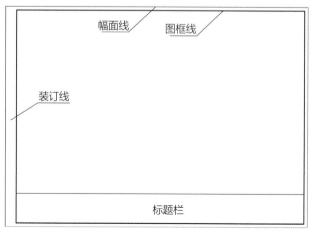

图 3-47 图框

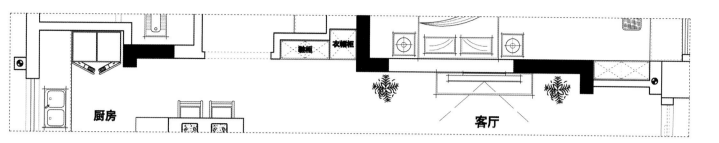

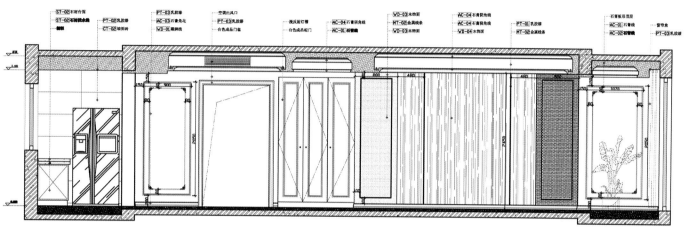

图3-48 层次清晰的设计图

可用比例：1∶3、1∶4、1∶6、1∶15、1∶25、1∶40、1∶60、1∶80、1∶250、1∶300、1∶400、1∶600、1∶5000、1∶10000、1∶20000、1∶50000、1∶100000、1∶200000。

选取的比例应用阿拉伯数字以比例的形式注写在图纸的适当位置，一般常注写在图名的右下侧。

3. 线

室内设计图都是由线构成的，在室内设计图中不同的线代表不同的含义，室内设计师必须采用通用的、规范的线型来制图，这样才能使参与项目的每个人都能读懂图纸。

（1）线宽

在室内设计制图中，通过用不同的线宽来表示重要程度，能让整个图纸详略清晰。展现给我们的画面是按照设计师设计好的流程出现的，首先是墙体结构，其次是立面装饰造型，然后才是填充及标注，图纸主次清晰、明快，同时具有美感，而这就是通过线宽的设置来实现的。（图3-48）

家居空间室内设计图纸一般以A3图纸呈现，CAD绘图软件中，线宽为0.09mm、0.13mm、0.15mm、0.18mm、0.25mm、0.3mm、0.35mm的都是常用线型。值得注意的是，在同一张图纸中，比例相同应选取相同的线宽组，通常一个图样中线宽不得超过3种。在CAD制图中自定义线宽时，如果确定粗线的线宽为a（a是一个代数），那么中粗线为0.5a，细线则为0.3a。例如，把粗线定为0.3mm，中粗线则为0.15mm，细线则为0.09mm。

（2）线型

在室内设计制图中，不同的线型代表着不同的用途。（表3-8）

表3-8 常规线型

名称		线型	线宽	用途
实线	粗	━━━━━	a	主要可见轮廓线，装饰完成剖面切线。
	中粗	━━━━━	0.7a	空间内主要转折面及物体线角等外轮廓线。
	细	———————	0.25a	地面分割线、填充线、索引线等。

续表

名称		线型	线宽	用途
虚线	粗	— — — —	a	详图索引、外轮廓线。
	中粗	- - - - -	0.7a	不可见轮廓线。
	细	-------------	0.25a	灯槽、暗藏灯带等。
点画线	细	–·–·–·–·	0.25~0.75a	主要用于对称线,例如定位轴线。
折断线	细	——/\——	0.25a	省略部分的分界线。
曲线	细	～～～	0.25a	用于表示不规则的曲线。

4. 字体

工程图纸中,常常需要标注文字和数字等。其大小应按图样的比例来确定,但大小不是任意选取的,应按规定的字高系列来选取。(表3-9)

表3-9 字体高度系列

字体种类	中文	非中文
字高	3.5、5、7、10、14、20	3、4、6、8、10、14、20

汉字的字体通常采用长仿字体或黑体,同一图纸中字体不应超过两种,汉字的简化写法必须遵守国务院公布的《汉字简化方案》和有关规定。

图纸中标识数量的数字应采用阿拉伯数字。数字和字母可设置成直体和斜体,但在同一张图纸中必须统一字体高,最小为2.5mm。

5. 尺寸标注

工程图虽然是按照一定的比例绘制,并注明具体比例,但还不能直截了当地表达各部分尺寸的相对关系,为保证正确无误地按图施工,还必须注明完整的尺寸标注。

(1) 尺寸标注的组成

尺寸标注的组成图样由尺寸线、尺寸界线、尺寸起止符号和尺寸数字组成。尺寸单位除总平面图与标高以米为单位外,其他一律以毫米为单位,数字后面不写单位即表示其单位为毫米,尺寸数字高度一般为2.5mm。(图3-49)

(2) 标高标注

建筑物各部分或各个位置的高度在图纸上常用标高来表示。标高符号应以细实线绘制,其符号尖端应指在所标注高度上,尖端的指向可上可下,无论上下都应指在所标注高度的平面上。总平面图上表示室外地面整平高度时,标高符号应涂黑,标高数字注写在三角形的上面或右上角,标高数字规定以米为单位,标高注写至小数点后第三位,总平面图上的标高可注至小数点后第二位,在标高数字后面不标单位。零点标高注为 ±0.000,读作正负零点零零零,零点以上位置的标高为正数,零点以下位置的标高为负数,负标高数字前必须加注负号"—"。

标高符号高度一般为30mm,水平夹角为30°或45°。(图3-50)

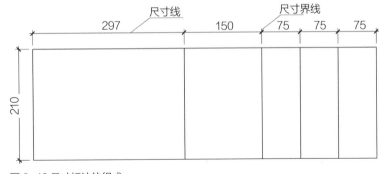

图3-49 尺寸标注的组成

图3-50 标高标注

6. 索引体系

大型家居空间设计项目图纸数量非常庞大，图纸多达上百张，所以，室内设计师必须掌握完整的制图索引体系，不然图纸会杂乱无章，无法实施，甚至连自己都有可能看不明白。室内设计索引体系包括目录、剖切符号和详图符号。

（1）图纸目录

图纸目录是将整套图纸以纸张为单位进行命名、编号而生成的目录，是整个图纸的总览，方便快速查阅图纸。（图 3-51）

图 纸 目 录

序 号	图 纸 名 称	图 号	图幅	序 号	图 纸 名 称	图 号	图幅
001	图纸目录	室施-ML01	A3	022	二楼面积统计图	室施-019	A3
002	图纸目录	室施-ML02	A3	023	二楼平面功能布置图	室施-020	A3
003	设计说明	室施-SJ01	A3	024	二楼天棚布置示意图	室施-021	A3
004	一楼原始建筑平面图	室施-001	A3	025	二楼地面铺装示意图	室施-022	A3
005	一楼原始建筑天棚图	室施-002	A3	026	二楼天棚布置尺寸图	室施-023	A3
006	一楼拆除墙体尺寸图	室施-003	A3	027	二楼天置灯具定位图	室施-024	A3
007	一楼新建墙体尺寸图	室施-004	A3	028	二楼天棚开关布置图	室施-025	A3
008	一楼面积统计图	室施-005	A3	029	二楼强弱电点位图	室施-026	A3
009	一楼平面功能布置图	室施-006	A3	030	二楼冷热水点位图	室施-027	A3
010	一楼天棚布置示意图	室施-007	A3	031	二楼家具尺寸图	室施-028	A3
011	一楼地面铺装示意图	室施-008	A3	032	一楼客厅A立面表现图	室施-029	A3
012	一楼天棚布置尺寸图	室施-009	A3	033	一楼客厅A立面尺寸图	室施-030	A3
013	一楼天置灯具定位图	室施-010	A3	034	一楼客厅B立面表现图	室施-031	A3
014	一楼天棚开关布置图	室施-011	A3	035	一楼客厅B立面尺寸图	室施-032	A3
015	一楼强弱电点位图	室施-012	A3	036	一楼客厅C立面表现图	室施-033	A3
016	一楼冷热水点位图	室施-013	A3	037	一楼客厅C立面尺寸图	室施-034	A3
017	一楼家具尺寸图	室施-014	A3	038	一楼客厅D立面表现图	室施-035	A3
018	二楼原始建筑平面图	室施-015	A3	039	一楼客厅D立面尺寸图	室施-036	A3
019	二楼原始建筑天棚图	室施-016	A3	040	一楼门厅B立面表现图	室施-037	A3
020	二楼拆除墙体尺寸图	室施-017	A3	041	一楼门厅B立面尺寸图	室施-038	A3
021	二楼新建墙体尺寸图	室施-018	A3	042	一楼门厅C立面表现图	室施-039	A3

图 3-51 图纸目录

（2）索引符号

索引符号分为平面索引、立面索引和剖面索引符号。

①详图索引

详图索引主要用于在总平面上对分区分面详图进行索引，也可用于节点大样的索引。

A3、A4 图纸平面索引编号用直径为 10mm 的圆表示，圆由引出的细实线平分为上下两部分，上面的"1"表示详图编号，下面的"1F-P0"表示详图所在的图纸编号，即图纸所编的页码。（图 3-52）

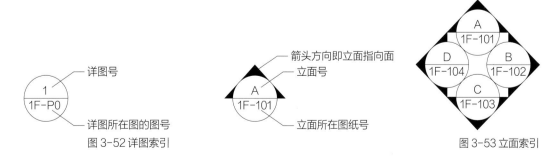

图 3-52 详图索引　　　　　　图 3-53 立面索引

②立面索引

立面索引主要是用在平面图上对立面进行索引，立面索引符号带有指示方向的功能，按顺时针方向指示。符号的圆直径为 10mm，三角形是底为 45°的等腰三角形，立面索引可以根据要绘制的立面数量将 2、3、4 个索引组合使用。（图 3-53）

③剖切索引

剖切索引符号可以分为剖视剖切索引符号与断面剖切索引符号。剖视剖切索引符号由剖切位置线、投射（剖切）方向线及索引符号组成。剖切位置线由长度为10mm，粗细为0.5a的粗实线绘制，放置于被剖切的位置；投射方向线由实线绘制，平行于剖切线，两线相距3mm左右，投射方向线一端与索引符号相连接，另一端与剖切线齐。（图3-54）

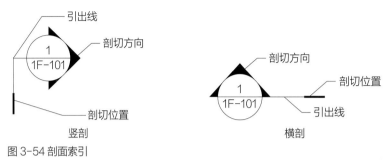

图3-54 剖面索引

（3）引出线

为保证图样的完整和清晰，对符号编号、尺寸标注和一些文字说明常采用引出线来连接。引出线一般用细实线绘制，引出线可以是采用水平方向的直线，或与水平方向成30°、45°、60°、90°角的直线，也可以是先采用水平方向后按以上角度引出后再折为水平方向的折线。文字说明可写在引出线的水平横线的上方或端部，符号的圆心要和引出线方向对准。相同部分的引出线可画成相互平行，也可画成为汇集一点的放射形引出线。如对于多层材料或多层构造的部分，引出线应通过被注明的构造各层。在引出线的一端画出横线的数量应和要说明的构造层数相同，并且自上而下的说明顺序应和构造层一致。（图3-55）

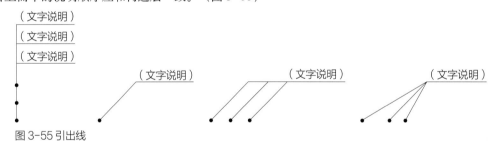

图3-55 引出线

重点完成施工所必需的有关平面布局图、立面图、构造节点详图、设备管线图等图纸的绘制。（图3-56至图3-76）

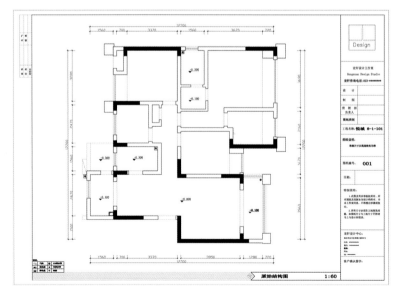

图3-56 原始结构图

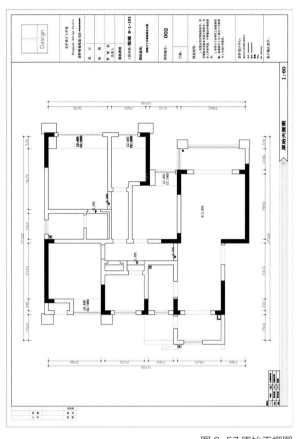

图 3-57 原始天棚图

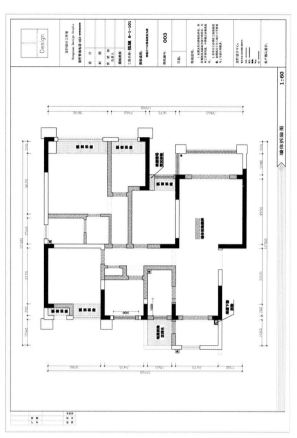

图 3-58 墙体拆除图

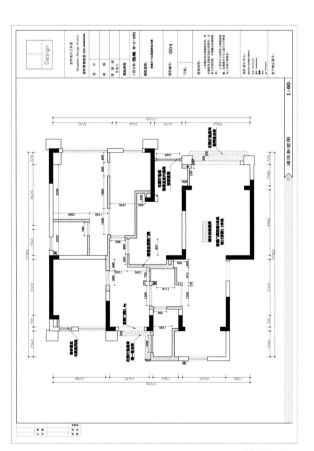

图 3-59 墙体新建图

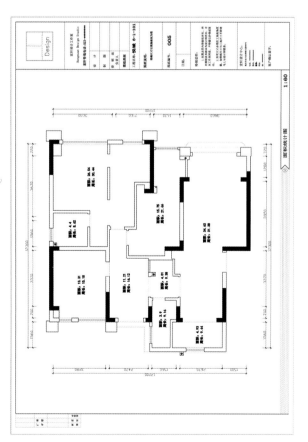

图 3-60 面积统计图

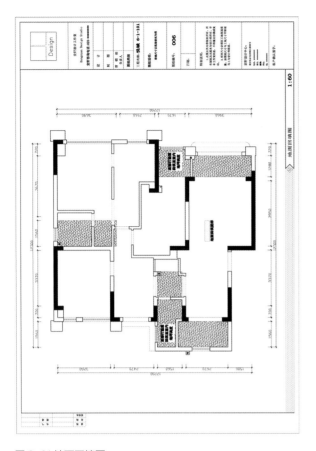

图 3-61 地面回填图

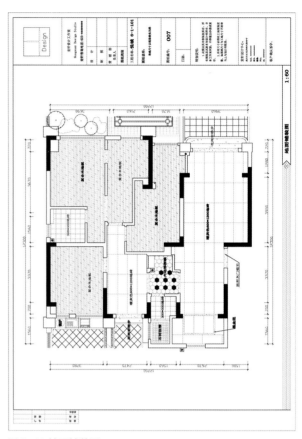

图 3-62 地面铺装图

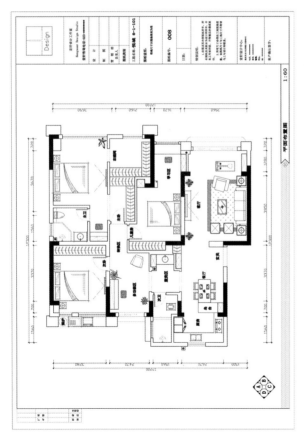

图 3-63 平面布局图

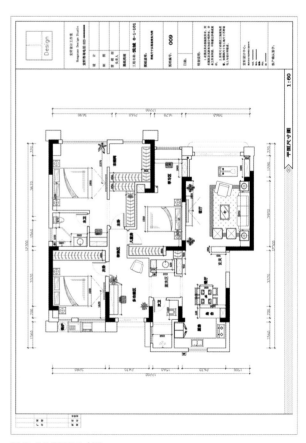

图 3-64 平面尺寸图

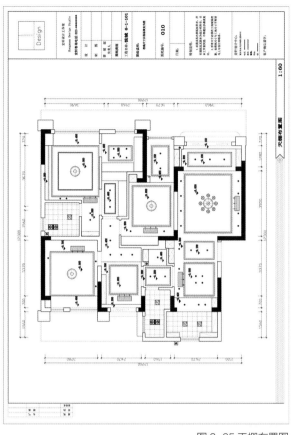

图 3-65 天棚布置图

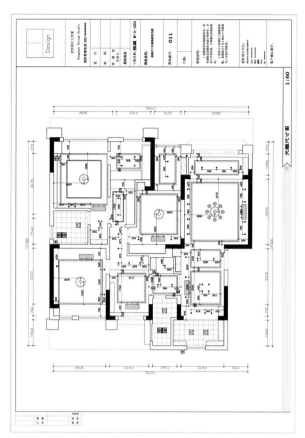

图 3-66 天棚尺寸图

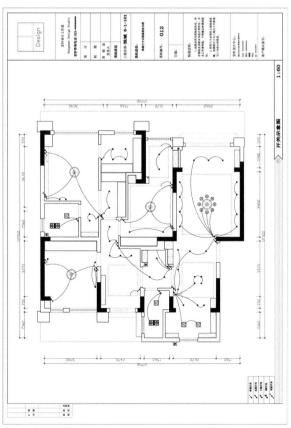

图 3-67 开关示意图

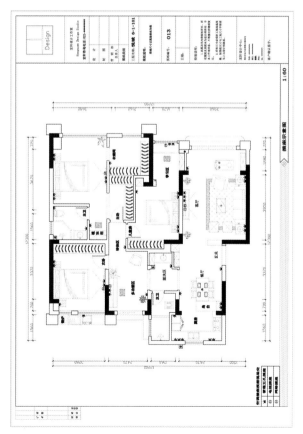

图 3-68 插座示意图

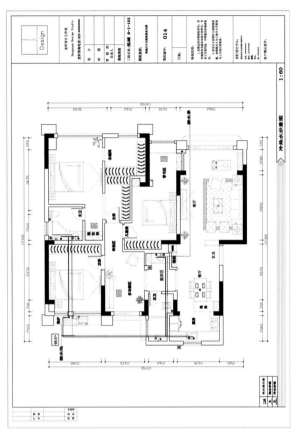

图 3-69 冷热水示意图

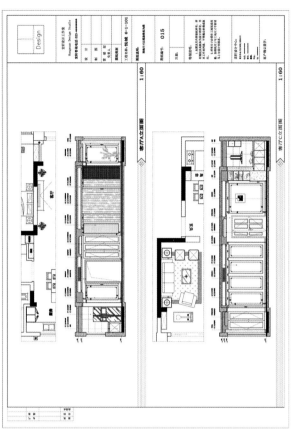

图 3-70 客厅立面图 1

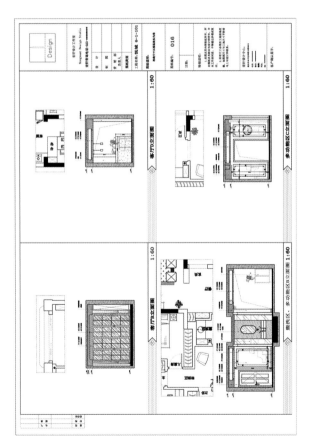

图 3-71 客厅立面图 2

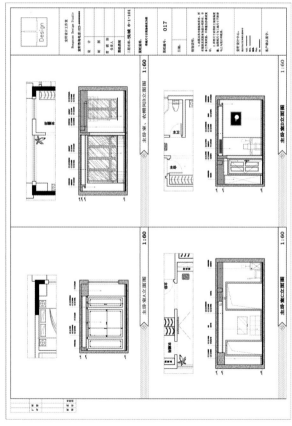

图 3-72 主卧立面图

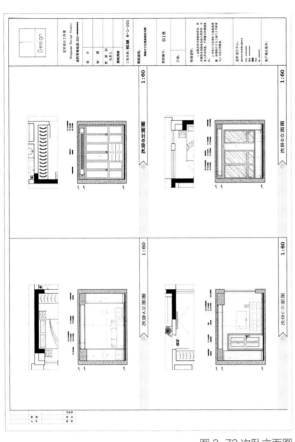

图 3-73 次卧立面图

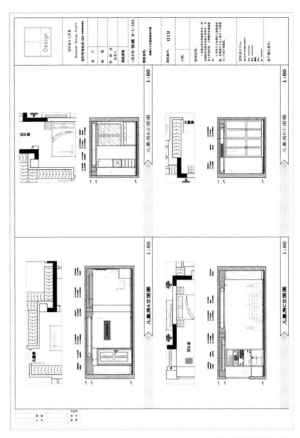

图 3-74 儿童房立面图

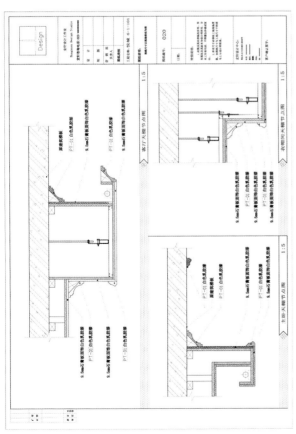

图 3-75 天棚节点图

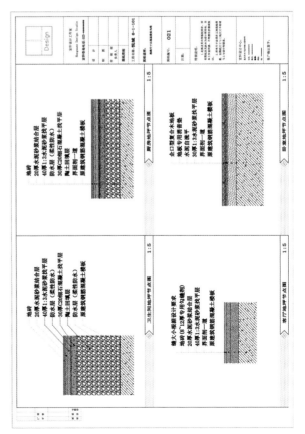

图 3-76 地坪节点图

（二）装饰材料的确定、陈设品意向图的绘制及物料板的制作

材料样板可以使设计师对项目设计有全方位的认识，设计师需要了解包括其价格、产地、颜色纹理、使用年限、施工工艺等。设计就是在寻找材料样板的过程中对项目设计进行深化。材料本身也是设计的灵感来源。（图3-77；表3-10)

图 3-77 材料板

表 3-10 材料明细表

符号	名称	型号 / 规格	使用区域	备注
ST-01	浅啡网纹		所有门槛	
ST-02	爵士白		吧台、灶台、洗手池台面	
ST-03	金碧辉煌		所有窗台	
CT-01	意大利浅灰	GCF12105B	客、餐厅及多功能区地面	
CT-02	水墨白	MS407000	厨房地面	
CT-03	水墨白	CC9008AS	厨房墙面	
CT-04	水泥六角砖	26002	盥洗区地面	
CT-05	花砖	花砖 2	盥洗区主题墙面	
CT-06	鱼肚白	MT8820P	卫生间地面	
CT-07	鱼肚白	VT61030N	卫生间墙面	
PT-01	白色乳胶漆		顶棚及顶棚造型	
PT-02	防水乳胶漆		厨房及盥洗区顶棚	
PT-03	象牙蕾丝	OW21 1P	客、餐厅及多功能区墙面	
PT-04	麦芽牛奶	OW28 2P	主卧、主卧门厅及更衣室墙面	
PT-05	自然米黄色	OW27 1P	次卧墙面	
PT-06	小男孩的蓝光	OW5 2P	儿童房墙面	
WP-01	墙纸	TW7741	儿童房背景墙面	
WD-01	踢脚线	D-060	客、餐厅、多功能区及卧室	
WD-02	木地板	SPC1232	主卧、客房、儿童房	
WD-03	木饰面（灰色）		客厅电视墙	
WD-04	木饰面（白色）		客厅电视墙	
AC-01	平线	4.5	墙面及顶面	
AC-02	平线	1.0	墙面	
AC-03	角花		墙面	
AC-04	阴角线	6.0	顶面	
MT-01	扣板	风吹麦浪	卫生间天棚	
MT-02	金属条		电视墙造型	
GL-01	银镜		盥洗区、主卫	

（三）装饰工程预算的编制

1. 预算表的重要性

预算是客户评估家居装饰工程设计项目合理性、适用性、可行性的重要指标。一方面客户需要以预算为参考，结合自身经济情况和效果预期做出理性的综合判断，从而判断该份预算是否适合自身需求；另一方面是设计师要以预算作为参考，结合公司成本和运营管理因素，在确保项目能按质、按量、按时正常开展的情况下，预留出合理的利润空间。预算合同在甲乙双方签字确认后就具备一定的法律效力，一旦在编制过程中出现漏项、多报等情况，客户可采取相应的法律措施。因此，准确、精细地编制家居装饰工程预算书，了解并熟悉预算编制的技巧和方法便显得尤为重要了。

2. 预算表的编制方法

目前市场上家居装饰工程预算的编制方式分为两种：一种是使用集团公司的预算报价软件编制，这种软件通常由总公司负责维护和运营，下属分公司只具备查看和使用的权限，每位设计师分配到一个账号，以便登录软件进行预算编制（图3-78）；另一种是由公司提供预算单价与施工工艺模板，由设计师使用 Excel 软件进行预算编制。下面以第二种编制方法为例进行讲解。

（1）预算报价表的组成

预算报价表竖向类目一般由序号、项目名称（工程项目）、单位、数量、单价、合计、材料及工艺说明组成（图3-79），横向类目由分项目、小计、工程直接费、工程管理费、税金、总造价组成（图3-80）。

①序号。序号由阿拉伯数字和汉语数字组成。分项目排序用汉语数字，分项目下的子项目排序用阿拉伯数字。

②项目名称。项目名称用于描述子项目的类型与性质，如：地砖铺贴、地面找平等。

③单位。单位用于表示子项目所使用的数量统计单位，常使用的有米、平方米、项、根、套等。

④数量。数量用于表示子项目施工发生的工作量。

⑤单价。单价是子项目的单价，一般由材料费、人工费、措施费构成。为了方便理解，在预算表中仅展现子项目的单价总和。

⑥合计（合价）。合计（合价）是项目单价与数量的积。

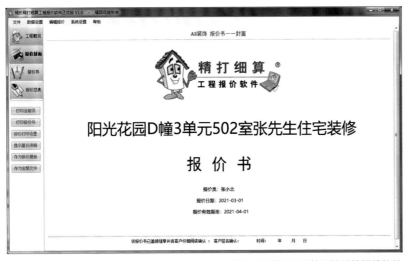

图 3-78 集团公司使用的预算报价软件

图 3-79 预算表组成竖向类目　　图 3-80 预算表组成横向类目局部

⑦材料及工艺说明。材料及工艺说明规定了项目施工应采用的施工流程，应使用的具体材料与施工工艺，哪些材料包含在预算项目中，哪些材料不包含在预算项目中。选用的施工工艺等级不同，将在极大程度上影响预算单价和合价。

（2）计项与计量

预算编制首先是对分项目和子项目进行统计确认。在此过程中最容易出现的问题就是漏项，一旦出现此类问题，不但损害自身的专业性，还面临着漏项项目款的赔偿。子项目计项通常遵循家居装饰工程施工顺序，在此基础上由上到下、由内到外地进行统计。计项完成，使用不同的计量方法对相应的子项目进行计量并得出准确数据。常见的子项目计量方法如下：

① 墙体拆除。墙体拆除是为了进行空间划分、优化布局而发生的项目。墙体拆除的计量单位为平方米，面积 = 长 × 高。

② 新砌墙体。新砌墙体是为了进行空间划分、优化布局而发生的项目。新砌墙体的计量单位为平方米，面积 = 长 × 高。

③ 水电改造。水电改造是隐蔽工程项目，常见的计量方式有两种：一种是以平方米为计量单位，面积 = 建筑面积；另一种以米为计量单位，在水电封槽前进行实际长度测量，长度 = 实际工程发生量。

④ 地面回填。常见卫生间回填采用煤渣、陶粒等材料对下沉式空间进行回填，以保护下水管管道。地面回填以平方米为计量单位，面积 = 卫生间长 × 宽。

⑤ 墙、地面防水。墙、地面防水是为了防止用水区域出现渗水、漏水、返潮等现象而使用防水涂料、卷材等材料进行施工的项目。墙、地面防水以平方米为计量单位，总施工面积 = 墙、地面总面积，地面积 = 地面长 × 宽，墙面积 = 墙面长 × 高。

⑥ 地面找平。地面找平是为了获得预期地面平整度，为后期铺装复合木地板或其他施工创设条件，隐藏并保护地下地暖、水管、线管而发生的项目。地面找平以平方米为计量单位，面积 = 家居使用面积 − 家居铺砖地面面积。

⑦ 包下水管。包下水管是指使用保温、吸音、防潮材料，结合成品水泥板、墙砖，对卫生间、厨房、阳台下水管进行围合保护。包下水管以根为计量单位，根以现场实际情况为准。

⑧ 墙、地砖铺贴。墙、地砖铺贴是家居装饰工程常见泥水工程项目。墙、地砖以平方米为计量单位，墙面贴砖面积 = 墙面长度 × 墙面贴砖高度，地面贴砖面积 = 地面面积。

⑨ 铺贴门槛石。门槛石常见于门洞下，用于不同地面材质之间的衔接。铺贴门槛石以米为计量单位，铺贴门槛石长度 = 门洞长度。

⑩ 石膏板吊顶。石膏板吊顶是常见的吊顶项目，以木龙骨或轻钢龙骨为骨架，大芯板为基层，石膏板为面层进行的顶面施工，常伴有漫反射灯槽。石膏板吊顶分为平顶、造型顶、漫反射灯槽。平顶以平方米为计量单位，面积 = 长 × 宽；造型顶以平方米为计量单位，展开进行计算，展开面积 = 长 × 宽 + 吊顶厚度 × 周长；漫反射灯槽以米为计量单位，长度 = 灯槽长度。

⑪ 装饰背景墙。背景墙一般有电视背景墙、沙发背景墙、餐厅背景墙、床头背景墙等不同类型。常见的计量方式有两种：一种以项为计量单位，项目总数 = 装饰背景墙个数；另一种以平方米为计量单位，面积 = 装饰背景墙长 × 高。

⑫ 木作家具。木作家具种类数量众多，鞋柜、衣柜、书柜以平方米为计量单位，书桌、电视柜以米为计量单位。面积 = 柜子长 × 柜子高，长度 = 米数。

⑬ 乳胶漆及基层处理。乳胶漆多用于顶面、墙面饰面工程，当墙面采用乳胶漆饰面时使用乳胶漆项目，若墙面采用墙纸饰面时则墙面工程使用基层处理项目。两个项目均以平方米为计量单位，墙面面积 = 总长 × 高度；顶面面积 = 家居使用面积 − 卫生间面积 − 厨房面积。

（3）计价

通过使用公司提供的预算模板，在编制预算过程中逐一对应发生项目，参考相关项目，套用模板子项目定价，结合项目计量，即可完成计价。（图3-81）

（四）设计文件的汇编

图纸完成后，要进行图纸目录的编写，便于施工人员查看，此外，还要进行图纸封面、封底的设计。（图3-82至图3-85）

（五）施工合同签订

在合同签订前，设计师与客户要进行详尽的交流，其中包括以下几点：

（1）确认设计图纸。设计师要详尽地讲解设计的细节，以便业主明确设计成品的效果。

（2）确认全部工程项目。在合同签订前，合同双方一定要把所有的工程项目进行确认。

重庆某某装饰设计工程有限公司预算清单

项目名称：XXXX花园x栋x单元x-x　　　客户姓名：　　　报价人：　　　报价日期：　　年　月　日

序号	工程项目	单位	数量	单价	合计	材料及工艺说明
一	玄关、餐厅、客厅工程					
1	顶面腻子基层找平	m²	26.7	20.2	539.3	"渝康"特级腻子胶水、"春意"滑石粉、白水泥、石膏粉基层处理三遍，粗、细砂纸打磨。阴、阳角全部使用塑料护条。白布或牛皮纸贴缝处理。门、窗洞面积减半计算。墙、顶面原基层误差超过2cm费用另计。
2	顶面乳胶漆	m²	26.7	9.0	240.3	多乐士"家丽安"底漆一遍，多乐士"家丽安防潮净味"环保乳胶面漆二遍滚涂或羊毛刷涂刷。门、窗面积减半计算。乳胶漆颜色不超过3种，超过三种颜色每增加一色另加100元。选用R3以上深色必须用基础漆（多乐士逸彩）调色另加6元/m²。
3	石膏板平顶	m²	13.7	120.0	1644.0	"福安"卡式不上人型轻钢龙骨基层，主龙骨间距不大于1200mm，副龙骨间距400mm，"龙牌"9.5mm普通石膏板封面，防锈自攻螺钉，元钉加固处理。局部基层轻钢龙骨无法操作就使用"益利安阻燃胶合板"代替。含灯孔开挖、制作。吊顶面积按展开面积计算（该区域平面面积加上侧面面积）。吊杆的大小：直径8毫米。卡式主骨的尺寸为：20毫米×25毫米。卡式副骨的尺寸为：20毫米×50毫米。边骨的尺寸为：20毫米×24毫米×20毫米。
4	漫反射灯槽	m	17.8	26.5	471.7	木龙骨造型，"龙牌"9.5mm普通纸面石膏板封面。灯槽的区域是指前面和底面两个面的"七字型"。
5	墙面腻子基层找平	m²	68.0	20.2	1373.6	"渝康"特级腻子胶水、"春意"滑石粉、白水泥、石膏粉基层处理三遍，粗、细砂纸打磨。阴、阳角全部使用塑料护条。白布或牛皮纸贴缝处理。门、窗洞面积减半计算。墙、顶面原基层误差超过2cm费用另计。

图 3-81 Excel软件编制的预算表

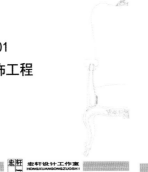

悦城 6-1-101

冉先生 雅居装饰工程

施工图

宏轩设计工作室
HONGXUANGONGZUOSHI

图 3-82 封面设计

图 纸 目 录

图号	图名	规格	图别		图号	图名	规格	图别
000	图纸目录	A3	施工图			立面部分		
000	验饰设计说明	A3	施工图		015	客厅立面图		施工图
	平面部分				016	客厅、重点区、多功能区立面图		施工图
001	原始结构图	A3	施工图		017	主卧立面图		施工图
002	原始顶面图	A3	施工图		018	次卧立面图		施工图
003	墙体新建图	A3	施工图		019	儿童房立面图		施工图
004	墙体新建图	A3	施工图			节点部分		
005	固积统计图	A3	施工图		020	天磨节点大样图		施工图
006	地面铺装图	A3	施工图		021	地坪节点大样图		施工图
007	地面铺装图	A3	施工图					
008	平面布置图	A3	施工图					
009	平面布置图	A3	施工图					
010	天棚布置图	A3	施工图					
011	天棚尺寸图	A3	施工图					
012	开关示意图	A3	施工图					
013	插座示意图	A3	施工图					
014	水路示意图	A3	施工图					

宏轩设计工作室
HONGXUANGONGZUOSHI

图 3-83 目录编写

装饰设计说明

一、设计依据：
1 国家、重庆市和行业的各项设计规范。
2 业主（甲方）提供原建筑地施工图。

二、设计说明：
1 本工程图纸所标注尺寸均以毫米为计量单位。
2 本工程以每层楼地面装修完成为相对标高±0.000。

三、工程概况：
本工程为平层家宜装饰工程，小区名为"悦城"，环保典雅，以室内地坪为尺量基础，材料符合室内环境污染控制范围。

四、装饰说明：
本居室为北式轻奢风格，色彩运用具有温和之感，考虑图居住要求设计了大量的储存空间。主要材料为：乳胶漆、抛光砖、防滑砖、石膏线等。

五、顶面：
房间顶面以白色乳胶漆涂刷局部点缀线条，卫生间以扣板吊顶，厨房的水乳胶薄涂面。

六、墙面：
墙面以乳胶漆为主（真兰迪色为主调），局部采用白色石膏线条点缀，底蕴潇大方又温暖。

七、地面：
客、餐厅多功能区采用抛光砖铺贴，卧室房用多晶布木，空间干净亮堂温馨适。卫生间及服务铺贴防滑地砖。

八、部门：
部门均采用厂家制作的成品实木门，规格现场确认，款式另定。

备注：施工中若发现图纸存在或尺寸有不同之处，以及与材料、颜色等变动等情况，施工人员及时与设计师、业主协商处理。者标注尺寸与现场尺寸不符时，应以现场尺寸为准。
油漆施工前应先选用具体色彩的型号，由业主知百知白后签字方可施工。

宏轩设计工作室
HONGXUANGONGZUOSHI

图 3-84 设计说明编写

宏轩设计工作室
HONGXUANGONGZUOSHI

图 3-85 封底设计

（3）确认全部装修材料。甲乙双方各负责采购的材料要协商清楚。

当预算、设计方案均被甲方认同并确定后，就可签订室内装饰装修施工合同。合同作为甲方与乙方签订的约束性协议，关系到室内装饰装修施工过程中合同双方的利益与责任，是具有强制效力的法律文件。因此，作为公司代表与甲方签订合同前，做到对合同条款了如指掌，对约定事项清晰明确是一个重要前提。否则，一旦因合同马虎而造成公司损失或客户纠纷，难免要承担相应的法律责任。

深化设计的注意事项：

仔细推敲方案的具体实施细节，反复与客户沟通，明确一些修改意见和细节想法。

三、评价标准

评价按照项目分别考核，课程考核成绩是项目考核成绩的累积，项目考核采用技能考核与项目设计相结合的形式。（表3-11）

表3-11 深化设计任务评价标准

序号	评价项目	评价内容	评价标准	分值	得分
1	基本能力	图纸绘制	1.运用多媒体全面地表达设计意图； 2.完成施工所必需的有关平面图、立面图图纸。	20	
		物料确定	1.根据装饰材料清单，收集相关图片； 2.将收集好的图片按照家居空间设计风格搭配，排版、组合、整理图片。	30	
		预算编制	1.工程列项正确、不漏项； 2.计量准确、无误差。	20	
2	基本素质	学习态度	1.按照进程完成项目； 2.获取信息和新知识的能力； 3.学习态度、出勤情况。	20	
		合作情况	小组协作具有较强的团队协作精神。	10	
3	合计得分				

任务六
设计实施

一、下达任务

（一）任务目标

（1）了解室内设计的施工流程；

（2）能按照操作规程对施工项目进行初步的施工技术指导及竣工验收工作；

（3）能够做好工程验收及客户回访。

（二）任务要求

（1）能够熟知正确的施工工艺；

（2）能够进行设计实践实施；

（3）具备设计施工技术指导、技术档案管理、专业技术规范、专业技术审核知识。

（三）实训课题

（1）让学生熟悉常规项目施工的内容，结合现场施工，熟悉施工工艺及步骤；

（2）了解项目经理工作的主要内容和职责；

（3）了解项目监理工作的主要内容和职责；

（4）由教师提供一份真实的验收报告书，让学生熟悉验收报告书所涉及的范围；

（5）让学生了解工程维保工作的内容。

二、任务实施

设计实施阶段即是工程的施工阶段。装饰工程在施工前，设计师应向相关施工人员进行设计意图说明及图纸的技术交底；工程施工期间需按图纸要求核对施工实况，有时还需根据现场实况提出对图纸的局部修改或补充；施工结束时，会同质检部门和建设单位进行工程验收。（图3-86）

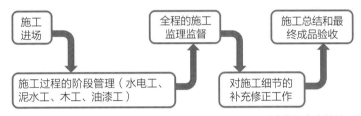

图 3-86 设计实施任务实施流程

为了使设计取得预期效果，设计师必须抓好设计各阶段的环节，充分重视设计、施工、材料、设备等各个方面，并熟悉、重视与原建筑的建筑设计、设施设计的衔接，同时还须协调好与施工人员之间的相互关系，在设计意图和构思方面取得沟通和共识，以期取得理想的设计工程成果。

（一）施工进场

（1）图纸现场交底。图纸现场交底是由设计师在施工现场向施工相关人员讲解设计思路、阐述工艺做法、协调各项事宜的过程，其标志着设计图纸由概念正式向现实转换。

（2）现场放样。所有项目施工前都必须使用仪器按照图纸进行1∶1的放样工作。这样既能保证效果，又能减少不必要的返工现象，确保横平竖直。（图3-87）

（3）原结构保护措施。这里主要为入户保护，具体标准为：从电梯口到入户门使用公司专用保护膜进行张贴保护，张贴需工整规矩，入户门使用公司专用保护套进行保护。（图3-88）

（4）堆料。材料根据材料堆放标识分类整齐堆放。（图3-89）

图 3-87 现场放样   图 3-88 入户保护

图 3-89 材料堆放

图 3-90 拆除墙体

（二）墙体改造

墙体改造主要是对户型进行调整。为了让设计更适合客户的需求，在设计时会对原有建筑结构进行拆除并重新布局。墙体改造工序主要就是依照新设计的平面布置图进行拆墙和砌墙的施工。

墙体改造的施工流程如下：

1. 拆除原墙体

确定打拆部位，做好标识后才能进行拆墙施工。（图 3-90）

2. 砌墙

室内隔墙有砖墙和石膏板隔墙两种，其中石膏板隔墙属于木工施工范畴，以下以砖墙为例进行讲解。

（1）根据图纸放样，在地面画线。

（2）挂好垂直线及平面线，这样才能保证砌墙横平竖直。

（3）砌墙前将地面及砖用水浇湿。

（4）水泥、沙按照 1∶3 比例搅拌好水泥砂浆。

（5）砌墙。（图 3-91）

3. 批荡

批荡是在砖墙的基础上批上一层平整的水泥砂浆层，之后即可在批荡层上进行贴砖或者扇灰、刷乳胶漆等施工。

（1）搅拌水泥砂浆。水泥与沙的比例一般为 1∶3。

（2）抽筋。宜每隔 1.5m 一条，待抽筋水泥 24 小时干透后，才可在打湿的墙体上大面积批荡。

（3）批荡。批荡一遍不宜太厚，每遍厚度

图 3-91 砌墙

不宜超过 10mm，如果是老墙，批荡墙体要充分湿润，清理好墙体的表面灰尘、污垢等才可进行批荡施工。

（4）压光。普通批荡要求砂光，高级批荡要求压光。

（5）检测批荡的平整度。

（三）水电工程

1. 水路改造施工

目前水路改造基本上都采用暗装的方式，需要开槽埋管。开槽的目的是将给水管埋入槽内，起到美观和保护的作用。

（1）第一步：测量画线。在做水路改造之前，首先要确定管道的走向和高度，然后认真测量定位，用墨盒线弹出管槽宽度，可使用双线。

（2）第二步：开槽。用专业切割工具沿画好的管槽线自上而下开槽，管槽切好后用冲击钻或小锤沿管槽切线自上而下开出管槽。

（3）第三步：铺设准备。管道铺设前需要准确地测量出水管的长度，并裁好管材，准备好管材配件，做好铺设准备。通常使用的是 PPR 管。

（4）第四步：热熔接管和胶粘接管。PPR 管材通常是使用热熔技术连接，即使用热熔机将管道的接口融化后

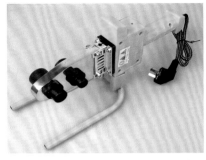
图 3-92 热熔机

图 3-93 安装好的 PVC 管

图 3-94 安装好的 PPR 管

图 3-95 PPR 管压力测试

图 3-96 水泥砂浆封好水管

相互连接。（图 3-92）

PVC 管道多采用胶粘连接，即在管道的连接处都均匀地涂抹上 PVC 专用胶后将管道连接起来。PVC 管道连接好后，应进行严密性实验。用橡皮胆堵住下水管口，向管道内注水，注满后至少观察十分钟，水面不降低，手摸接口处不渗漏为合格。（图 3-93）

（5）第五步：安装固定

冷热水管道左右排列时，左侧应为热水，右侧应为冷水（面对龙头）。上下排列时，上侧为热水，下侧为冷水。改造好的冷热水出水管口应水平一致。连接好的管道应横平竖直，固定牢固。（图 3-94）

（6）第六步：管路检测

水路改造最容易出现的问题就是爆管和渗漏，爆管原因多是管材本身质量问题，而渗漏除了本身材料有问题外，还可能是施工不规范造成的。不管是爆管还是渗漏，只要出现问题都会给日常的使用造成很大的不便，而且返工极其不便。所以在水路改造完成后进行一次加压测试是非常必要的，在测试没有问题的情况下才能埋水管。给水管路安装完成 24 小时之后，需对其进行管道压力测试。（图 3-95）

试压机对冷热水管进行施压检测，目的是增加比日常使用大得多的水压，看看管子是否会出现渗漏。在压力增大的前提下，渗漏也很容易被发现。实验前，管道应进行安全有效的固定，接头部位必须拧紧固定。

给管道注水，以便排除管道内气体。待管道内充满水后，手动施压进行水密性检测。

注意：手动施压使施压泵缓慢升压至 0.6Mpa，最大不得大于 1Mpa。

至少持续半小时，加压期间注意观察水管的接头、弯头处有没有渗水，如果有渗水，即使很轻微也必须拆下来重新连接，否则长时间使用后可能会发生漏水等意外事故。

在大于 0.6Mpa 小于 1Mpa 的压力下，哪怕管道只有很小的一个孔或缝隙，压力表会直线下降，那就说明水管安装有问题。在半小时内如果压力表没有变化，就说明安装的水管没有问题。检验合格后方可进入下道工序。

在完成管道安装和测试后，用水泥砂浆将管槽填平。（图 3-96）

2. 电路改造

随着生活水平的提高，各种家用电器越来越多，甚至发展出了智能化家居系统，这对电气线路的要求也越来越高。尤其是目前电气线路多采用暗装的方式，电线被套在管内埋入墙面、地面、天棚吊顶内，线路一旦出了问题，不光维修起来麻烦，而且还会有安全上的隐患。稍有差错，轻则出现短路，重则会酿成火灾，直接威胁人身安全。所以电工施工要严格，从材料的选购到整体的施工都必须遵循"安全、方便、经济"的原则。工程完工后要进行检测，且必须给出完整的电路图，以便日后维修。

在电工施工时，电位的数量和位置要仔细询问客户的需要，根据客户的实际需求设定，原则上是"宁多勿少"。

电路改造主要工作内容根据施工要求进行电路管线铺设及电器的安装工作。

（1）根据施工图确定线路终端及开关插座的位置。在电路改造时，根据施工图的要求，经过精细测量，确定管线走向、标高和开关、插座、灯具等设备的位置，并用墨盒线进行标识。墙面、地面的走线都是如此，这是电路改造的基础条件。

（2）沿着电路标识线的位置开槽、打孔。在确定了线路终端和插座、开关面板的位置后，要沿着电路标识线的位置开槽、打孔。打槽时配合使用水作为润滑剂，达到降噪、除尘、防止墙面开裂。

（3）按照图纸标识架设管线。布管施工采用的线管有两种，一种是PVC线管，一种是钢管。家庭装修多采用PVC线管，在一些消防要求比较高的公共空间中则多采用钢管作为电线套管。（图3-97）

（4）穿线。线管架设固定好后就可以进行穿线了。穿线可不是一件简单的事，它直接决定未来用电的安全和电器的有效使用。通常先放好空调等其他一些专线，其次放插座、电视、电话线，最后放灯线。（图3-98）

（5）检测及封槽。穿线完毕后必须进行检测，检测合格后才能进行封槽。（图3-99）

①检测

布线完成后必须进行一次全面检测，确保没有问题才能进行封槽施工。检验可以通过万用表、兆欧表等进行（图3-100）。主要检测项目为强电路的通电检测，弱电线路的通断检测，以及绝缘检测。检测要求强弱电通断顺畅；线与线之间的绝缘数必须超过250Ω；线与地之间的绝缘数必须超过200Ω；线与线之间的短路检测时指针能够迅速地打到"0"位，符合以上要求才算是检测合格。此外还要根据图纸查看是否有漏装的开关插座，接通电源彻底清查，看是否有短路或断路情况发生，发现问题立刻返工。

②封槽

检测合格即可封槽，封槽前洒水湿润槽内，调配与原有结构的水泥配比基本一致的水泥砂浆以确保其强度，绝对不能图省事采用腻子粉填槽。封槽完毕水泥砂浆表面应平整，不得高出墙面。天花的灯线则必须套好软管，并用电胶布或压线帽保护好。

图3-97 架设管线

图3-98 穿线

图3-99 穿线完毕

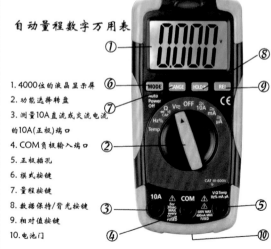

自动量程数字万用表

1. 4000位的液晶显示屏
2. 功能选择转盘
3. 测量10A直流或交流电流的10A(正极)端口
4. COM负极输入端口
5. 正极插孔
6. 模式按键
7. 量程按键
8. 数据保持/背光按键
9. 相对值按键
10. 电池门

图3-100 数字万用表

（四）泥水工程

1.卫生间沉箱回填

沉箱简单点说就是下沉式卫生间里面放排水管的位置，沉箱处理目前主要有两种方式：一种是用陶粒或者碎砖泥沙回填，然后在上面做水泥找平层；一种是架空处理方法。采用第一种方法填实不仅增加楼板的负荷，而且如果防水做得不好的话时间长了整个沉箱都是湿的，因此我们介绍架空式沉箱做法。

（1）保护下水管砌好地垄。（图 3-101，图 3-102）

（2）清理卫生，注意第二次排水不要堵塞。

（3）现浇架空层（现浇必须加钢筋）。然后对现浇层上面进行找平施工即可。（图 3-103）

2.防水处理

防水是最为重要的一项隐蔽工程，一旦后期防水出问题，维修将非常麻烦。在刷防水的过程中不能遗漏任何地方，且必须刷足两遍以上。

防水涂刷空间主要有卫生间、厨房、阳台。其中卫生间防水处理最为关键，因卫生间用水量较大，水汽重，如果不处理好极易向外渗水。一般而言防水高度不低于 300mm，厨房淘菜盆墙面防水高于台面 150mm，卫生间涂刷防水高度不低于 1800mm，如卫生间墙面背面有衣柜，防水则需做到天花板顶部。（图 3-104）

在涂刷防水涂层之前，先要清理墙面和地面，并用连接的气泵皮管吹尽阴角处的浮尘。

（1）画线：在涂刷防水之前首先要量出防水层的高度并画出基准线。

（2）刷防水涂料：刷防水涂料时要先刷预埋线，并在墙面和地面连接阴角处刷成八字形，上下交叉，交接处应有 200mm，不得有漏刷情况出现。

（3）墙角涂刷完成后，沿基准线涂刷墙体：第一遍涂刷墙面时应上下纵向涂刷，第二遍涂刷墙体应左右横向

图 3-101 保护下水管   图 3-102 砌地垄

图 3-103 现浇架空层   图 3-104 防水处理

涂刷。地面防水涂料的涂刷应该从房间里侧向门口涂刷，地面水管接口处尤其要仔细涂刷，不能有任何遗漏。

（4）最终完成涂刷。

（5）闭水实验：在涂刷完防水涂料后不能立刻贴瓷砖，必须对其进行防水测试。防水测试具体办法是：堵住排水口、地漏等，然后积水高度为2cm~3cm，24小时后到楼下查看是否有水渗漏。一旦发现有渗水痕迹，必须马上返工。

3.地面找平

地面找平是一种基础性的工程，找平不仅可以使得基础底面平整、便于施工，而且可以通过找平的高度使得室内各个空间处于同一水平位置。

（1）地面找平的高度

地面找平层关键在于确定地面标高，即在打好水平线的基础上，需要计算客厅、餐厅、走廊在原建筑地面上铺贴地砖或木地板的标高。为了使得整个室内空间的标高一致，该标高应与大门外走廊标高及卧室地面标高相同。

（2）施工步骤

第一步：清理基层。

第二步：确定找平标高。

第三步：确定标高后在四周墙上弹出标高线。

第四步：标地筋。

第五步：搅拌水泥砂浆。

第六步：浇水湿润基层。

第七步：在湿润的地面基层上撒上水泥粉。

第八步：铺好水泥砂浆后找平。

第九步：再撒上水泥粉做压光处理。

第十步：检测平整度。

4.瓷砖铺贴

瓷砖是一种装饰主要材料，瓷砖的选择与铺贴，直接影响到未来空间的美观，选择与铺贴工作不容忽视。面砖进场时要检查外包装，要求包装完好，品牌完整清晰，产品合格证、质量合格证齐备。

瓷砖检查完毕后，需要将瓷砖放入水中浸泡。瓷砖本身有一定的吸水性，在未经过浸泡的前提下铺贴，瓷砖会快速吸收水泥砂浆中的水分，造成水泥砂浆凝结速度过快，易造成瓷砖空鼓。在充分浸泡后，将瓷砖放入屋内晾干表面水分后待用。

（1）墙砖铺贴

墙砖铺贴施工一般按照弹线找规矩、排砖、粘砖饼、粘贴墙砖、勾缝、清理等步骤进行，采用的工具主要有角尺、橡皮锤、水灰铲、云石机、水平尺、抹子、灰板、线坠、笤帚、水桶、小线等。（图3-105）

第一步：弹线找规矩。墙砖在粘贴前，要先画线、找规矩。

第二步：排砖。铺砖前要预先排砖，排砖工作有很多技巧，要把非整砖排在不明显的阴角处，同一墙面横竖排列的非整砖不能超过一行。

第三步：粘砖饼。在墙砖粘贴前，在每面墙上下粘贴不少于4块砖饼。砖饼贴在墙上作用类似在墙面安装了4个标志，可以通过这4个标志来检查和控制墙砖铺贴时的垂直度、平整度。这和地面找平中标地筋有异曲同工之妙。

第四步：粘贴墙砖。

①墙砖粘贴前，先用水平测量仪量出基准水平点，然后用墨盒线将两点连接，弹出水平基准线，用于控制墙砖水平度和垂直度。

图3-105 墙砖铺贴

②在墙面均匀刷界面剂。

③调和水泥砂浆，将水泥和沙按照1∶2的比例拌和均匀。搅拌好的水泥砂浆必须在2小时内用完，不能二次加水使用。

④将调好的水泥砂浆均匀涂抹在墙砖背面。贴墙砖时应按照墙面弹好的控制线，先贴两端，从最下的上一层开始铺贴。

⑤正式粘贴时，先要试贴。把涂有砂浆的模板墙砖铺贴在墙壁上，用橡皮锤轻轻敲击，使其与墙面粘合。然后取下检查是否有缺浆与不合之处，如有缺浆，应补浆填满。这样做就可以有效地保证墙砖与墙面的粘合，防止空鼓和脱落。确认没有缺浆就可以正式铺贴，贴好后要用橡皮锤轻轻敲击，使墙砖与墙壁粘合。

⑥贴好第一块砖后，需要用靠尺和线坠检查与砖饼在垂直和水平上是否一致，如略微有不平整，需要用锤子轻轻敲击调整好。

⑦铺贴墙砖要先贴左端和右端墙砖，再贴中间墙砖。为了避免墙砖贴好后受温度和湿度的影响，在粘贴瓷砖时，留下适当的空隙，并塞入小木片，并对欠浆、亏浆的位置进行填充，保证粘贴牢固。

⑧粘贴阴阳角瓷砖时，用云石机将做阳角墙砖的一个边切割略大于45°的角，切割斜边后应用砂轮片磨边，然后依次铺贴在墙面阳角处。

第五步：勾缝、清理。墙砖粘贴好之后，要用填缝剂勾缝，虽然是一个小工序，但也不能马虎。先将墙面清理干净，用扁铲将要填缝的砖缝清理一下，将调和好的填缝剂用扁铲依次把砖缝填满，等待填缝剂稍干后，将砖缝压实勾平。砖缝勾好后，用布将墙面擦拭干净。至此，墙砖铺贴就结束了，最后可以用水平尺检查一下平整度。

（1）地砖铺贴

地砖铺设是一个非常重要的施工环节，主要按照弹线找规矩、排砖、铺贴地砖、勾缝、清理的步骤进行。

第一步：弹线找规矩。地砖在粘贴前要先弹线找规矩，在房间内测量出水平基准线。

第二步：排砖。按照所铺地砖的大小和房间的大小预排地砖，注意铺同一房间的地砖，横竖排列的非整砖不能超过一行。施工中遇到非整砖的位置要充分考虑房间家具的摆放位置，注意铺砖的整体美观。

第三步：铺贴地砖。

①在房间内铺放干硬性水泥砂浆。干硬性水泥砂浆以手握成团，落地开花为宜。水泥和沙的比例通常为1∶3，水泥强度标号不能超过32.5。

②在铺贴地砖时，砂浆的厚度与门槛石齐平为宜，铺贴前先放水平基准线，用于校准铺砖的水平度，放好水平基准线后在远端压实。

③正式铺贴之前先进行试铺，铺贴时首先要按照已经确定的厚度，在基准线的一端铺设一块基准砖，要求基准砖要水平，测量必须要精确。总之，不管试铺还是正式铺贴，都必须通过基准砖与门槛石确定水平基准线，作为地砖铺贴标准。

④试铺没有问题后就可以正式铺贴了。在地砖铺贴过程中，由于墙面管线及墙体凹凸不平会造成误差，常常影响铺贴水平，这种情况可以用云石机对地砖边角进行微调，从而保证地砖的平整。

⑤在施工过程中，随时用水平尺检查所铺地砖的水平及与相邻地砖高度的误差。此外，还可以使用扁铲在两块砖接缝处轻轻划动，检查两块砖接缝处是否平整。

⑥第一排横向地砖铺好之后，开始贴竖向地砖。地砖铺贴过程中，用同样的铺设方法依次铺设地砖。（图3-106）

（4）勾缝、清理。铺贴完成后24小时后，用专业的勾缝剂将砖缝压实、勾匀。砖缝压实、勾匀后，将砖面擦拭干净，表面应进行湿润保护。

5.窗台石铺贴

目前很多住宅建筑都会设计大飘窗，这种窗台的处理通常是以贴大理石为主。步骤如下：

第一步：原基础用冲击钻或者凿子打毛并浇水滋润。

第二步：铺水泥砂浆底层。

第三步：刮水泥浆。

第四步：将根据窗台大小开好料的大理石贴于水泥浆上，并用橡皮锤敲实。

第五步：用抹布清洁大理石面层。

第六步：大理石面层贴保护膜保护，保护膜可采用珍珠棉或者包装纸等材料。

（五）木工工程

随着工业化的普及，门、窗、家具、橱柜的制作以及木地板安装等传统的木工工作现在很多都由厂家或者商家完成。石膏板吊顶施工也就成了当下木工最为重要的工作。

1. 弹线

要在墙面上弹出吊顶标高线，依据设计标高沿墙面四周弹线，作为顶棚安装的标准线，其水平允许偏差±5mm。同时还必须弹出各个定位线，作为安装定位骨架的依据。

2. 切割龙骨

弹线结束后，根据事先测量的长度，切割轻钢龙骨。

3. 钻孔

在安装之前，要在弹线标识的位置上每隔一段距离，用电钻打出钻孔。

4. 打木楔

钻孔结束后，使用木楔填充孔眼作为固定点。

5. 安装边龙骨和顶面龙骨骨架

采用专用龙骨固定工具，固定边龙骨和顶面龙骨骨架，控制好固定间距，确保龙骨主骨架的平整与牢固。

6. 安装龙骨连接件及龙骨

顶面龙骨骨架安装完毕后，在顶面龙骨骨架的下方安装龙骨连接件，龙骨架与龙骨连接件依靠拉铆钉的连接方式进行连接。

龙骨连接件与龙骨也同样依靠拉铆钉的连接方式进行连接。方法是先用电钻打眼，然后用专业工具拉出铆钉。

7. 主龙骨、副龙骨的安装与固定（图3-107）

主龙骨需要起到吊顶整体承重的主要受力作用，所以主龙骨吊杆、挂架必须使用膨胀螺栓进行固定，它便于用力，能够确保膨胀螺栓的膨胀帽张开固定。主龙骨、副龙骨的安装与固定步骤如下：

第一步：电钻打孔，并在孔内打入膨胀螺栓。

第二步：在膨胀螺栓上固定龙骨挂件。

第三步：在挂件上挂上主龙骨。

第四步：挂好主龙骨后，拧紧螺栓，固定主龙骨在挂件上。

图 3-106 地砖铺贴　　　　　　　　　　　　　　　　　　　　　　　　图 3-107 龙骨安装

第五步：采用专门的吊挂杆连接副龙骨与主龙骨。

8. 安装石膏板面层（图3-108）

因为一旦在龙骨上安装固定好了石膏板，再返工就会很麻烦。所以在安装石膏板前应仔细检查顶面施工环节是否结束，水电管线铺设是否完成。

（1）分割石膏板。分割要根据吊顶面层的间隔距离和副龙骨间距确定石膏板的裁剪尺寸和大小而定，石膏板大小通常为2400mm×1200mm。先测量弹线，然后用美工刀切割。

（2）安装石膏板面层。将专用石膏板螺丝利用工具拧入龙骨来固定石膏板，螺钉应下沉于石膏板，长度在0.2mm~0.5mm，不得破坏石膏板面。

（六）油漆工程

由于现在家居都是定制或成品，所以油漆工程主要是指的乳胶漆。乳胶漆施工主要分为钉帽防锈处理、嵌缝、防开裂处理、找补阴阳角、批腻子、砂子打磨、刷底漆、刷面漆等几步。

1. 钉帽防锈处理

石膏板吊顶及背景墙在进行安装固定的时候，使用了大量的自攻钉，安装后这些金属钉帽必须做防锈处理，在防锈处理环节，工人师傅使用防锈漆，对每一个钉帽进行涂刷，以免今后钉帽生锈影响粉刷质量。

2. 嵌缝

石膏板用螺丝固定完成后，石膏板间的缝隙和螺丝口凹陷会影响顶面的美观，因此要使用嵌缝石膏进行嵌缝。嵌缝时嵌缝石膏应调和得稍硬些，当一次嵌补不平时，可以分几次嵌补，但一定要等到前一道嵌补干了之后，才能嵌补后一道，嵌补时要嵌得饱满，刮压平实，不能高出基层顶面。

3. 防开裂处理

为了防止石膏板接缝处开裂，影响顶面的美观，石膏板吊顶及背景墙要进行防开裂处理。施工时，常常会在接缝处粘贴一层50mm宽的网格绷带或牛皮纸带，必要时也可以粘贴两层。其粘贴操作方法是：先在接缝处用毛刷涂刷白乳胶液，然后粘贴用水浸湿过的牛皮纸或网格绷带，粘贴后用胚板压平、刮实。

4. 找阴阳角方正

一般情况下，房间的阴阳部分有一定的误差，为保证平直度，需要对阴阳角进行找方正。

（1）阳角找方正。阳角需要用弹线的方式找平直度，其具体方法是：在两个相邻墙角拉线，并用墨线弹在墙面上。然后以弹好的墨线为基准，用粉刷石膏沿线进行修补，直至阴角方正垂直。（图3-109）

图3-108 石膏板安装　　　图3-109 阳角找方正

（2）阴角找方正。用靠尺一边与阳角对齐，再用线坠将靠尺调整垂直。这样就可以检查出阳角垂直线，然后依托已经垂直的靠尺进行阳角修补，直至阳角垂直方正。

5.顶面批刮腻子

阴阳角修补完毕、干透就可以对墙面进行满批腻子施工，腻子的批刮一般采用左右横批的方式，批刮 2~3 遍即可，不宜太多。批刮顶面腻子在遇到已经填好的缝隙和孔眼时，要批刮得平整。

6.砂子打磨

打磨是非常重要的工序，刮了几遍腻子就必须打磨几次，打磨质量关系到未来的美观与平整。腻子干透后，将砂纸固定在打磨架上，为了看清楚打磨的平整度，还必须使用光照灯照射着打磨。打磨完成后，还要对局部不平整或透底的顶面进行找补。打磨后进行认真检查，确认合格后再将顶面清扫干净，做好喷刷底漆的准备。

7.涂刷底漆

乳胶漆涂刷遵循一底两面的原则，即刷一遍底漆，刷两遍面漆。涂刷底漆的作用在于提高墙面的粘接力和覆盖率，要抗碱、防潮。涂刷顶面一般用加上手柄的滚筒，涂刷方式为自左向右，横向滚动，相邻涂刷面搭接宽度为 100mm 左右。

8.涂刷面漆

面漆涂刷与底漆涂刷方式是一样的，面层墙漆适涂 2 遍为宜，但是每遍不宜涂太厚太薄，涂刷面漆应本着先难后易、先边角后大面、先顶棚后墙面、自上而下的顺序进行涂刷，缝隙处或者墙面凹槽处也要用毛刷涂刷到。等到面漆干燥后，顶面漆施工就结束了。

（七）安装工程

待泥水工、木工、油漆工完工后，就可以进行安装工程了，主要是电工的后期作业。

1.安装开关、插座面板及配电箱

（1）开关、插座安装

①清理底盒垃圾，确保盒体无变形、破裂。

②单相两孔插座，面对插座的右孔或上孔与相线（火线）相接，左孔或下孔与零线相接；单相三孔插座，面对插座的右孔与相线相接，左孔与零线相接，上孔与地线相接。开关接线方式为：火线进开关，通过开关进灯头，零线直接进灯头，地线进灯座。

③用剥线钳去掉电线绝缘层 10mm 长左右，根据左零右火上地线的基本原则，将裸铜线穿入拧开的线孔中再将螺丝拧紧，最后将面板对准底盒将螺丝拧紧即可。电视、电话、网络等通信设备插座，应用万用表检测线路后再进行接线安装。

④最后将面板与底盒拧固即可。多个面板安装必须校准水平，要求所有的面板在一个基本水平面上，平直、方正。

（2）配电箱的安装

配电箱有金属和塑料两种材料制品，安装方式可以分为明装和安装两种，区别只是安装方式将配电箱埋入墙内。

2.灯具安装

（1）检查灯具：要求灯具及其配件齐全，无挤压变形、破裂和外观损伤等情况，所有灯具应有产品合格证。

（2）确定灯具具体安装位置，如果在前期准备工作中已经和客户、设计师确认即可直接安装。

（3）将预留位的电线拉出来，即可按照灯具的安装说明安装灯具。通常在接线方式上为相线进开关。通过开关进灯头，零线直接进灯头。

3.全面检测

电工作业完工后，应进行一次全面的检测才可交付客户使用。检测内容包括：

（1）各种灯具位置安装正确，端正平整，牢固可靠。插座开关数量准确，位置正确。

（2）开关、插座面板平直牢固、紧贴墙面，不得出现起翘或者结合处有明显缝隙的情况。同时需要分别试试各个开关、插座，要求全部都能够正常使用。

（3）将所有灯具打开，要求全部正常发光而且光度平均，尤其是暗藏日光灯不得出现光芒有强有弱的情况。打开全部灯1~2小时，没有出现异状，证明灯具没有问题。

（4）短路测试漏电开关的保护作用，同时要求漏电开关开启灵活，控制灵敏。然后逐一实验每个漏电开关及控制的插座、灯具等，要求全部都能正常使用。

（5）检测网络等弱电，要求各种弱电全部通畅。

（八）工程验收

家居装修工程设计项目施工完成过程中，每个阶段都会进行工程验收，以审核施工质量是否标准，安装工程完成后，即代表该项目的硬装工程已经完成。下面将介绍和讲解硬装过程中需要进行的验收项目。

1. 改造工程验收

（1）拆墙不能破坏承重结构，不能破坏外墙面，不能损坏楼下或隔壁墙体的成品。

（2）砌墙要注意其安全牢固，砖砌体的转角处和交接处应每隔8~10行砖配置2根6拉结钢筋，伸入两侧墙中不小于500mm，与原有墙体不少于200mm，混凝土墙体则在原有墙体钻孔焊接或用膨胀螺栓连接。

2. 水电工程验收

（1）上下水走向是否正确，水管压力是否正常。

（2）所有与开关、插座、漏电保护装置、配电箱及其他用电器连接的电接头应留有一定余量，一般为150mm。

3. 泥水工程验收

（1）防水涂料做好后必须做48小时闭水实验，要求无渗漏。

（2）地砖向地漏做3‰的斜坡。

（3）排砖要求横竖带线，并且拼角不能有爆瓷，阴阳角必须达到90°，墙面砖的空鼓率不能超过3%，整面平整度要求不超过2mm误差，垂直度不超过3mm误差。

4. 木作工程验收

（1）轻钢龙骨吊顶安装符合产品的组合要求，安装位置应正确，连接牢固无松动。

（2）固定的柜体接墙部一般应没有缝隙。

（3）检验装饰装修构造是否平直，无论水平方向还是垂直方向，正确的木作装饰装修法都应是平直的。

5. 油漆工程验收

（1）所有的梁、柱、门窗侧边的阴阳角平直、方正。

（2）乳胶漆无流坠、皱皮，颜色一致，无明显刷纹。

6. 工程竣工验收

根据项目要求的竣工验收资料，经认可的竣工图纸，施工合同文件，施工过程中所发生的设计变更、工程核定单、现场签证、工程指令及施工单位提交的决算申请资料，进行工程结算审核工作。（图3-110）

设计实施的注意事项：

工程监理协调多方的工作，包括核实现场具体尺寸和情况，仔细推敲方案的具体实施细节，反复与业主沟通，明确一些修改意见、细节想法。

装修工程保修单

公司名称		联系电话	
用户姓名		登记编号	
装修房屋地址			
设计负责人		施工负责人	
保修施工日期		竣工验收日期	
保修期限	年 月 日至 年 月 日		

注：
1. 验收之日，整体保修期为两年，水电隐蔽工程为五年。
2. 保修期内出现非人为（自然灾害等不可抗因素）造成质量问题，甲方在保修期限内无条件的进行维修。
3. 期内如属乙方使用（自然灾害等不可抗因素）不当造成损坏，或不能正常使用，乙方酌情收费。

甲方：   乙方：
年 月 日   年 月 日

图3-110 装修工程保修单

三、评价标准

评价按照项目分别考核，课程考核成绩是项目考核成绩的累积，项目考核采用技能考核与项目设计相结合的形式。设计实施任务评价标准见表 3-12。

表 3-12　设计实施任务评价标准

序号	评价项目	评价内容	评价标准	分值	得分
1	基本能力	开工准备	1. 了解场容标准； 2. 装饰材料进场验收； 3. 施工技术交底。	20	
		施工指导	1. 能清楚说出施工操作规程； 2. 能对施工项目进行初步的施工技术指导。	20	
		成品验收	1. 熟知工程验收项目； 2. 能够按照工程验收标准进行工程验收。	20	
		工程决算	根据工程发生的变更资料进行工程决算工作。	10	
2	基本素质	学习态度	1. 按照进程完成项目； 2. 获取信息和新知识的能力； 3. 学习态度、出勤情况。	20	
		合作情况	小组协作具有较强的团队协作精神。	10	
3	合计得分				

模块四

基于欣赏的案例分析

案例一　小户型家居空间设计

案例二　中户型家居空间设计

案例三　大户型家居空间设计

案例四　别墅家居空间设计

JIAJU KONGJIAN SHEJI 家居空间设计

案例一
小户型家居空间设计

码1 小户型漫游

一、知识点

（一）小户型家居空间的特征

小户型通常可从两个方面去理解，一是成套住宅定义上的小户型，二是小面积的公寓或商务公寓。一般认为，套内面积在 60 ㎡以下都可称作小户型。小户型住宅面积虽小，但相应配套设施齐全，在基本满足日常生活的空间需求的基础上，同样可合理安排多种功能活动，包括起居、会客、交友、储藏、学习等。

（二）小户型家居空间设计要点

（1）充分利用空间。小户型面积相对来说较为狭小，既要满足人们的起居、会客、交友、储藏、学习等多种生活需求，又要使室内不致产生杂乱感，这就需要对其进行合理安排，充分利用空间。

（2）采用灵活的空间布局。由于面积较小，小户型应采用灵活的空间布局，根据空间所容纳的活动特征进行分类处理。注意保持公共性活动区域和私密性活动区域相互不干扰，可以利用硬性或软性的分隔手法区分两个区域。

（3）注重扩充空间感。可以采用开放式布局，在不影响使用功能的基础上，利用空间的相互渗透增加层次感和扩充空间感，使视线可直接"穿越"空间。利用不同的材质、造型、色彩以及家具区分空间，尽量避免绝对的空间划分。可以加大采光量或使用具有通透性或玻璃材质的家具和隔断等，利用采光来扩充空间感，将空间变得明亮开阔。在配色上应采用明度较高的色系，最好以柔和亮丽的色彩为主调，避免造成视觉上的压迫感，使空间显得宽敞。

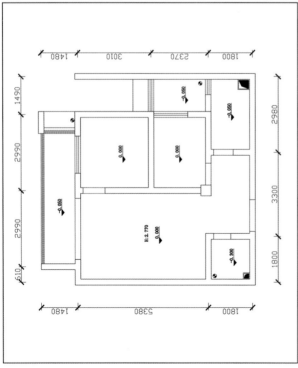

图 4-1 小户型原始户型图

图 4-2 小户型平面布局图

（4）家具选择注重实用。在家具选择上要注重实用，只要可以达到基本的功能尺寸要求即可，即尺寸可以小巧一点。应选择占地面积小、收纳容量高的家具，或选用可随意组合、拆装、收纳、折叠的家具，这样既可以容纳大量物品，又不会占用过多的室内面积，为空间内留下更多的活动余地。

二、案例方案

案例楼盘处于市中心，配套设施完善且居住环境适宜。该户型套内面积 $60m^2$，套内高度为平层常规高度，约 2.77m。该客户为一名年轻单身女性，喜欢简单、舒适的居住风格，同时需要足够的收纳空间。原户型中两个卧室空间都比较局促，经与客户商议，扩大主卧空间，集睡眠、储物、休息于一体，同时保留次卧作书房使用，设计榻榻米，既可以储物，有朋友来访亦可在此留宿。

图 4-3 小户型平面俯视图

图 4-4 小户型客厅效果图 1

图 4-5 小户型客厅效果图 2

图 4-6 小户型客厅效果图 3

图 4-7 小户型主卧效果图

图 4-8 小户型次卧效果图

三、学生优秀作品

码 2 小户型——
英式田园风格

码 3 小户型——
现代风格

码 4 小户型——
现代风格

案例二
中户型家居空间设计

码5 中户型
漫游

一、知识点

（一）中户型家居空间的特征

中户型比较常见，一般认为套内面积为 80~120m² 的户型属于中户型。相比小户型家居空间，中户型家居空间在面积上稍微开阔，面积配比也更注重舒适性，适合 3~5 口人的家庭居住。

（二）中户型家居空间设计要点

（1）功能布局明晰。中户型住宅的建筑面积充裕，在布局上可以划分各家庭成员需要的功能区域，如休息区、会客区、就餐区、收纳区等，各功能区域既相互联系又保持一定的独立性。布局形式应以实用原则为主，根据家庭人口构成及家庭成员的生活习惯来设计。

（2）体现客户的审美情趣。大部分中户型的居住年限较长，其设计要考虑体现客户的地位和实力，体现客户的审美情趣。由于家庭人口构成相对复杂，家庭中各人的审美倾向不一定一致，对于共享性强的空间，如客厅、餐厅等，应综合客户家庭成员的意见进行设计，结合全家人的心意，力求统一美观。各家庭成员的独立空间，如卧室、书房等，则可以按各自的喜好进行布置，同时兼顾与整体风格相协调。

（3）着重考虑实用性。对于居家生活来说，形式的繁与简、豪华与平实只是其"面子工程"，而实用与否、方便与否才是实质性的问题所在。因此，中户型家居空间的设计应繁简得当、功能齐全，一切从实用的角度出发。

二、案例方案

本项目外部环境优美、配套设施齐全，客户为年轻夫妇和一个 6 岁的儿子。经过全面考虑，在整体空间布局不动的情况下，将厨房改造为拥有大中岛的开放式厨房，让晚上下班（放学）回家后一家三口围在一起做饭、聊天，成为一天中的幸福时光。要求整体布局动静分区合理，动线流畅。本案设计以舒适惬意的地中海风格为主调，纯粹而不修边幅孕育出纯美、自然、健康、阳光的生活方式，让人们感受到自然闲散的生活节奏，体现出宁静致远的生活状态，还原假日梦想，让生活与度假完美重叠。

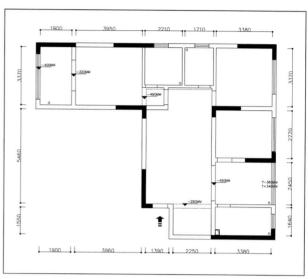

图 4-9 中户型原始户型图

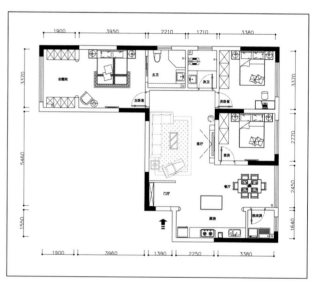

图 4-10 中户型平面布局图

图 4-11 中户型俯视图

图 4-12 中户型客厅效果图 1

图 4-13 中户型主卧效果图 1

图 4-14 中户型客房效果图

图 4-15 中户型客厅效果图 2

图 4-16 中户型厨房效果图

图 4-17 中户型餐厅效果图

图 4-18 中户型主卧效果图 2

图 4-19 中户型儿童房效果图

图 4-20 中户型主卫效果图

三、学生优秀作品

码 6 中户型——
北欧风格

码 7 中户型——
日式风格

码 8 中户型——
日式风格

案例三
大户型家居空间设计

码 9 大户型漫游

一、知识点

（一）大户型家居空间的特征

　　大户型具有十分充裕的居住面积，一般指套内面积在 120m² 以上的三室两厅以上的户型。相比中户型家居空间，大户型家居空间在面积上更为开阔，面积配比也更注重舒适性，客厅面积较大，卫生间有主卫和次卫，既温馨又舒适，适合家里有老人或 4 ～ 5 口之家。

（二）大户型家居空间设计要点

（1）功能分区要明确合理。大户型住宅拥有足够的空间，应按照主客分离、动静分离、干湿分离的原则进行功能分区，避免相互干扰。

（2）风格统一，突出重点。大户型住宅设计应综合其家庭成员的审美趋向，将造型、色彩、材质、家具、陈设等因素全盘考虑，形成统一的风格。同时应根据使用者的不同需求，不同身份进行设计，突出重点。

（3）家具规划设计。家具是家居布置的基本要素，应充分利用空间。家具规划设计的风格和空间要搭配，整体色调的营造要温馨、舒适。

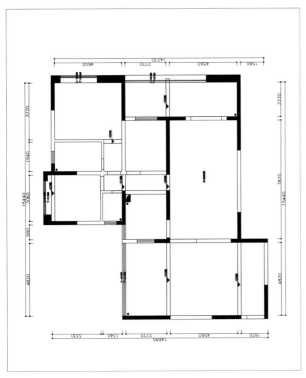

图 4-21 大户型原始户型图

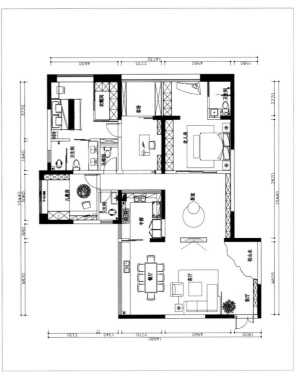

图 4-22 大户型平面布局图

二、案例方案

本项目位于滨江路畔，环境优美、配套设施齐全，原户型为三室两厅一厨两卫带超大入户花园的户型。客户为三代同堂的五口之家，为了让客户和父母都住得舒服，把原客厅改成带卫生间的套房，进深 9 米的入户花园则改成餐厅、客厅，利用电视墙和茶桌形成洄游动线，让动线更流畅的同时，也给三岁的儿子一个自由奔跑、骑车的空间。考虑到全家人的审美需求，本案采用传统的东方自然元素与现代元素结合的方式，在空间中跨越时间交融成和谐、精致、贵气的空间，理想的生活就在这一席雅静下缓缓呈现。

图 4-23 大户型俯视图

图 4-24 大户型客厅效果图

图 4-25 大户型茶室效果图

图 4-26 大户型书房效果图

图 4-27 大户型主卧效果图

图 4-28 大户型餐厅效果图　　　　　图 4-29 大户型厨房效果图　　　　　图 4-30 大户型主卫效果图

图 4-31 大户型老人房效果图　　　　　　　　　图 4-32 大户型儿童房效果图

三、学生优秀作品

码 10 中户型——新中式风格　　码 11 大户型——现代美式　　码 12 大户型——法式风格　　码 13 大户型——现代风格

案例四
别墅家居空间设计

码 14 别墅户型漫游

一、知识点

（一）别墅家居空间的特征

别墅的面积较大，空间充足，功能分区明确，即能满足一家人欢乐的共享空间，又能兼顾个人的独立空间。

（二）别墅家居空间设计要点

（1）别墅空间规划。别墅户型家居空间在不同楼层的平面格局上划分明确，地下层一般为储藏空间、车库，一层为客厅、厨房、餐厅、老人房、卫生间，二层为起居室、主卧、次卧、卫生间，公共区域与私密区域不相互干扰，满足人的基本使用需求，即起居、饮食、洗浴、就寝、工作学习、储藏等。

（2）配套设施考虑周全。别墅户型家居空间面积较大，涉及的功能复杂，空间类型多，空间穿插交错大，其配套设施（包括水、电、取暖、通风、中央空调以及其他设备）应考虑周全。如考虑到楼上楼下开关灯方便，尽量采用双联双控的回路设计。

（3）收纳自然景观。对于别墅户型家居空间来说，独特的地理位置和环境导致其自然景观要优于任何其他住宅，绿化植被、阳光充足、空气清新是其独占的稀缺资源。因此在设计中应重点考虑室内环境与室外景观的互动，考虑如何利用露台、阳台、窗户收纳自然景观。

二、案例方案

本项目为叠院式别墅，位于秀美的茶山脚下，环境优美、空气清新、交通便利。该项目是常见的小面积城市别墅，室内空间体量并不是很大，相对来说经济实惠，受到人们的追捧。由于面积有限又要满足一家人的使用，所以放弃了挑高空间，一楼规划为客厅、餐厅、厨房、老人房、卫生间，二楼规划为多功能室、主卧、儿童房、卫生间。分区明确，使得不同生活作息的一家人互不打扰，让生活在一起的所有成员都能有自己的一片居心地。风格定位为简约时尚的欧式风格，设计的重点是客餐厅的互通和交流，从设计手法上采用了墙面上的线与面衔接呼应，以及顶面空间的虚拟划分。家具、配饰的使用，使空间更加丰富、温馨，达到了各功能空间融会贯通的目的。

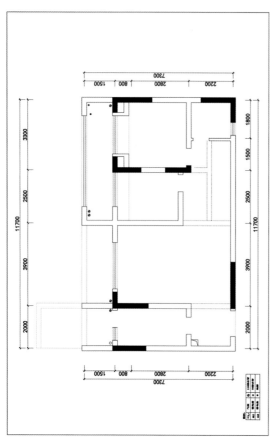

图 4-33 别墅户型一层原始结构图

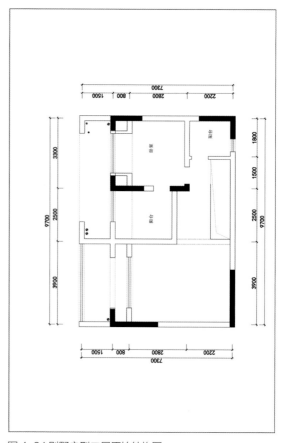

图 4-34 别墅户型二层原始结构图

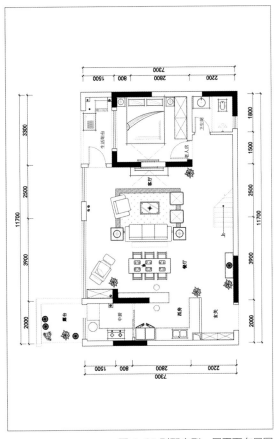

图 4-35 别墅户型一层平面布局图

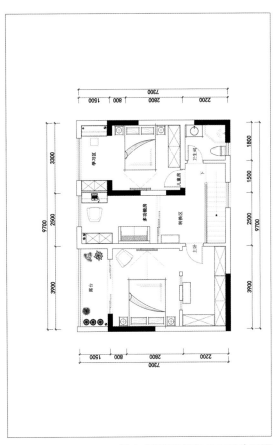

图 4-36 别墅户型二层平面布局图

图 4-37 别墅户型一层平面俯视图

图 4-38 别墅户型二层平面俯视图

图 4-39 别墅户型玄关效果图

图 4-40 别墅户型客厅效果图 1

图 4-41 别墅户型客厅效果图 2

图 4-42 别墅户型餐厅效果图

图 4-43 别墅户型楼梯效果图

图 4-44 别墅户型主卧衣帽间效果图

图 4-45 别墅户型主卧效果图 1

图 4-46 别墅户型主卧效果图 2

图4-47 别墅户型儿童房效果图

图4-48 别墅户型多功能房效果图

三、学生优秀作品

码15 别墅户型——
乡村美式

码16 别墅户型——
现代风格

附录

《住宅设计规范》（GB 50096-2011）的常见要求（节选）：

1. 住宅应按套型设计，每套住宅应设卧室、起居室（厅）、厨房和卫生间等基本空间。

2. 厨房应有直接采光、自然通风，并宜布置在套内近入口处。

3. 厨房应设置洗涤池、案台、炉灶及排油烟机等设施或为其预留位置。

4. 卫生间不应直接布置在下层住户的卧室、起居室（厅）、厨房和餐厅的上层，可布置在本套内的卧室、起居室（厅）和厨房的上层，但均应有防水和便于检修的措施。

5. 卧室、起居室（厅）的室内净高不应低于2.40m，局部净高不应低于2.10m，且其面积不应大于室内使用面积的1/3。

6. 利用坡屋顶内空间作卧室、起居室（厅）时，至少有1/2的使用面积的室内净高不低于2.10m。

7. 阳台栏杆设计应防止儿童攀登，栏杆的垂直杆件净间距不应大于0.11m；放置花盆处必须采取防坠落措施。

8. 低层、多层住宅栏杆净高不应低于1.05m，中高层、高层住宅的阳台栏杆净高不应低于1.10m。

9. 楼梯梯段净宽不应小于1.10m；不超过六层的住宅，一边没有栏杆的梯段净宽不应小于1.00m。

10. 楼梯踏步宽度不应小于0.26m，踏步高度不应大于0.175m。扶手高度不应小于0.90m。楼梯水平段栏杆长度大于0.50m时，其扶手高度不应小于1.05m。楼梯栏杆垂直杆件间净空不应大于0.11m。

参考文献

[1] 张绮曼，郑曙旸 . 室内设计资料集 [M]. 北京：中国建筑工业出版社，1991.

[2] 杨桦 . 家居空间设计 [M]. 合肥：安徽美术出版社，2017.

[3] 姚强，胡威，刘燕 . 家居装饰工程设计 [M]. 合肥：安徽美术出版社，2017.

[4] 黄春波，黄芳，黄春峰 . 居住空间设计 [M]. 北京：东方出版中心，2019.

[5] 逯海勇，胡海燕 . 室内设计原理与方法 [M]. 北京：人民邮电出版社，2017.

[6] 李迎丹 . 居住空间室内设计 [M]. 武汉：华中科技大学出版社，2018.

[7] 谢科，冉国强，罗佳 . 家居空间设计 [M]. 武汉：华中科技大学出版社，2014.

参考网站

[1] 建 E 室内设计网 https://www.justeasy.cn/

[2] 拓者设计吧 https://www.tuozhe8.com/

[3] 室内设计联盟 https://www.cool-de.com/

[4] 设计本 https://www.shejiben.com/

[5] 支点环境艺术设计 https://www.zdsee.com/

[6] 酷家乐 https://www.kujiale.com/

后记

由于自己的专业知识、实践经验、编写水平及编写时间等有限，书中难免有疏漏之处，恳请相关专业人士和广大读者批评指正。

本书的编写，参考了众多学者的研究成果，在此向在编写本教材过程中引用到的参考文献的诸位作者致以诚挚的谢意。

本书中部分作品来自重庆电信职业学院教育与设计学院 2017 级至 2019 级建筑室内设计专业的学生，学生们头脑聪明、思想活跃，加上他们十分勤奋，才有了这些优秀的学生示范作品。在此对他们表示由衷的感谢。

本书的编写还得到了重庆市高悦装饰、重庆大本营装饰等企业的支持和帮助，在此表示衷心的感谢。

书中部分文字资料与图片来源于其他作者，有的已经在参考文献中列出，有的因查不出原作者而没有提及，在此向有关人员表示歉意，并致以深深的谢意。

张茂勇

2021 年 8 月